富足思维

MILLIONAIRE SUCCESS HABITS

The Gateway to Wealth & Prosperity

突破你的惯性思维模式

[美] 迪安·格拉齐奥西（Dean Graziosi） 著
邱墨楠 译

中信出版集团 | 北京

图书在版编目（CIP）数据

富足思维：突破你的惯性思维模式 / (美) 迪安·格拉齐奥西著；邱墨楠译. -- 北京：中信出版社，2021.4

书名原文：Millionaire Success Habits: The Gateway to Wealth & Prosperity

ISBN 978-7-5217-3036-4

Ⅰ.①富… Ⅱ.①迪… ②邱… Ⅲ.①成功心理－通俗读物 Ⅳ.①B848.4-49

中国版本图书馆CIP数据核字(2021)第063351号

富足思维——突破你的惯性思维模式

著　　者：［美］迪安·格拉齐奥西

译　　者：邱墨楠

出版发行：中信出版集团股份有限公司

（北京市朝阳区惠新东街甲4号富盛大厦2座　邮编　100029）

承 印 者：天津市仁浩印刷有限公司

开　　本：880mm×1230mm　1/32　　印　　张：9.75　　字　　数：205千字

版　　次：2021年4月第1版　　印　　次：2021年4月第1次印刷

京权图字：01-2020-3561

书　　号：ISBN 978-7-5217-3036-4

定　　价：46.00元

服务热线：400-600-8099

投稿邮箱：author@citicpub.com

我要将这本书献给我亲爱的朋友托尼·罗宾斯、乔·波利什和丹·沙利文，他们对我的人生、我的成功和我富足的生活产生了巨大影响。

我甚至无法用言语表达自己对他们三位的感激之情，因为他们在我需要他们的时候走入了我的生活。我也想将这本书献给那些多年来愿意和希望走上全新道路而无私分享其改变人生的智慧的人。

我尽自己的最大努力去吸收我所听到、读到和观察到的一切，我学到的东西反之也融入了我的观点和语言之中。你在本书中看到的练习、故事、秘诀及成功习惯都是我从数十年来的尝试与错误、失败与成功中总结而来的。那些先于我走上成功道路的人极大地丰富了我所分享的内容，对此我感激不尽。

此外，我也要将本书献给那些给我的人生带来巨大影响的人。我希望自己用相同的方式为你提供帮助，也希望本书能给你的人生带来同样大的影响。

目　录

前　言

当打算坐下来写这本书以公开我第一手的创富习惯时，我希望它可以给本书的读者带去一些影响，因为这些习惯让我从我们家几代人辛劳拼搏的生活中走了出来，获得了超乎想象的成功。但说句实话，我从来没想到这本书可以走红并畅销全世界。当我在这里为新增的两章内容进行简短说明时，本书之前的版本在全球的销量已经超过了30万册，而且这个数字还在快速增长。请不要对这本书浅尝辄止，也不要只读了前几章就不读了。我期望读者朋友认真阅读本书，然后将学到的内容应用到你们的生活中去……对了，我差点忘了说，本书最后两章是之前的版本所没有的，它们讨论了几个高效的习惯，以及如何先行一步超越你身边的其他人。现在轮到你了，请将这一切付诸实践吧！

1944年春，一个男孩出生在洛杉矶市中心的一个生活困苦的移民家庭，让我们暂且称他为J. P.。J. P. 未满两岁时，他的父母离异，而他的母亲在经济上十分拮据；9岁时，J. P. 开始设法上街挣钱帮助母亲维持生计。报纸、花盆、圣诞卡——只要你能想到的，他都试着卖过。当他的母亲再也无法照料J. P. 和他的弟弟时，她将这两个男孩送给了寄养家庭。

十几岁时，由于缺少父母的教育，J. P. 结交了坏朋友，加入了当地的一个帮派。在洛杉矶约翰·马歇尔高中读书时，他的课业很难合格。读 11 年级时的一天，J. P. 的高中老师发现他和他的朋友米歇尔·吉列姆逃课，而且在上课时传纸条。老师让他们站在全班同学面前，然后说道："看看他们两个。大家不要和他们一起鬼混，因为他们以后会一事无成，做什么都不会成功。"

J. P. 当时可能没有意识到：这样的时刻可以塑造我们的人生习惯，包括让我们成功的习惯，当然也有拖我们后腿并让我们无法发挥全部潜力的坏习惯。J. P. 本可以对自己说："我恐怕永远成不了事。"然而，他说的却是："让他见鬼去吧。我要证明他是错的。"

J. P. 在做第一份工作的时候养成了第一个成功习惯。他告诉我："从 9 岁起，我这一辈子都在工作。我从 11 岁起开始送报纸，一直送到我高中毕业。我还在当地的干洗店工作过一段时间，负责扫地和为店主打杂。店主是个相当吝啬的人。我尽可能努力地工作，但每小时只能赚 1.25 美元。一天放学后，他把我叫了过去，对我说：'昨晚我检查了柜子后面，那里没有灰！然后我掀起地毯，下面也没有灰！你打扫得很干净，就像我一直在监督你干活一样。'我说：'你雇我就是来打扫卫生的，我的职责就是尽力做好这件事。'他十分满意，于是将我的工资涨到了每小时 1.5 美元。他的赏识让我觉得自己仿佛得了奥斯卡奖。老实说，我从这段人生经历中学到了重要的一课。成功人士，无论是为别人工作还是为自己工作，他们都会尽力做到最好，就像他们的老板每时每刻都在监督他们一样。我明白了：无论做什么事，都要竭尽全力。"

有人或许认为这会让自己变成一个愚蠢的"好好先生"。但我认为尽力而为是你应该养成的成功习惯之一，它的好处巨大且数不胜数。在上面的例子中，J. P. 的这个习惯帮助他完成了当时的一个非常平凡的任务（而且完成得非常好），而这让他得到了接下来他所喜欢的工作。

在继续讲述 J. P. 的故事之前，我想谈谈成功的习惯，以及本书将如何帮助你养成这些习惯。

我将向你展示养成并坚持成功习惯的方法和过程。你无须彻底颠覆你的世界观，或者试图强迫自己在一夜之间养成“新的习惯”，这会扰乱你的生活，让你回到原点重新开始。相反，你可以在日常生活中做出一些不起眼的、微小的改变，剔除那些对你无益的事情，然后用通往财富之路的习惯取而代之。无论你是创业者、企业主、高管人员、投资人、职员，还是刚刚开始第一份工作的年轻人，你都可以这么做。后续章节中的习惯、原则、秘诀及练习将让你获得竞争优势，把你推往下一个高度。

因此，虽然本书的重点是财务上的成功，但我所分享的方法同样可以推动你在生活的其他方面获得更大的成就，比如家庭、育儿、友谊、人际关系、精神、健康、身体锻炼、爱情、激情及亲密关系等。无论过去别人对你下过怎样的结论，你都有权利，也能够在生活的各个方面获得成就、快乐与富足。

我将通过多种方式帮助你养成这些习惯。我会分享一些我所认识的那些非常成功的人士的精彩故事，以及他们通过怎样的方式来养成和应用那些行为习惯，让自己获得非凡的成就和可观的收入。我将提供一些练习来帮助你培养和训练新的习惯。我还将讲述一些我自己的人生故事，希望它们能给你带来激励和指引。

我将在后文对这些内容做详细阐述。现在，让我们回到 J. P. 的故事中去，之前我们说到了他竭尽全力为雇主搞好卫生的故事。

高中毕业后，J. P. 并没有上大学。相反，他加入了美国海军，在“大黄蜂号”航空母舰服役两年。从海军退役之后，J. P. 做过各种低收入工作，比如加油站的看门人和保险销售员。他曾在丽德康实验室

（Redken Laboratories）短暂工作过一段时间，但因为和老板产生分歧而被解雇。他甚至还做过上门推销百科全书的工作，薪水微薄。

回忆这一时期的经历，J. P. 表示，他在这个阶段学到了另一个重要的且有益终身成功的习惯。“那时我敲开 50 扇门，可能会吃 50 次闭门羹。因此我学会了如何在敲开第 51 扇门或第 151 扇门时依然像敲开第一扇门时一样热情饱满。”他学会了克服被人拒绝的困扰，学会了通过倾听与人沟通并说服他人行动。这并不是一份理想的工作，但他在这份工作中养成了一些关键的成功习惯，它们将使 J. P. 在今后的生活中实现突破。他当时并没有意识到这一点，但习惯让他坚持了下去。当时，直接拿佣金的百科全书推销员平均只能坚持三天，而 J. P. 一干就是三年半。

尽管有这样的职业操守，但 J. P. 还是成了一个无家可归的年轻人。他告诉我：“第一次无家可归的时候我才 20 岁出头。我的妻子觉得自己做不了母亲，她将我们两岁半的儿子留给了我，带着我们仅有的一点积蓄独自离开了。不久我就发现，她没有支付此前三个月的房租。就这样，在没有钱且房租逾期的情况下，我们父子俩被赶了出来。当时我没有工作，没有收入，我和儿子只能待在大街上，住在我们当时仅有的一辆旧车里。我还记得我对儿子说：‘我们要一起努力。’我开始去捡饮料瓶，当时一个小的瓶子值 2 美分，大的值 5 美分。我身无分文，付不起账单，这是作为一个男人和父亲最为艰难的时期。但我从中学到的是，如果你真的穷困潦倒，跌至低谷，那么你所做的就只能是向上看。”

身处如此艰难的境地之中，J. P. 拥有大多数人在更好的条件下都不具备的一个优势：他对人生有所憧憬！他决意开创自己的事业，在上门推销百科全书三年半之后，他不想再给别人打工。他认为自己可以当老板。

但他有一个很大的困难：J. P. 当时只有 700 美元。每个人都告诉他，他没法开自己的公司，因为他需要更多钱、更多教育、更多经验和智慧及更为宽裕的经济条件，而他缺少的太多太多了。这听起来是不是很耳熟？在听了所有这些建议之后，他做了大多数成功人士都会做的事情：只听从自己的想法，并且开办了公司。J. P. 养成了又一个成功习惯，那就是相信自己，同时无视唱反调的人。“这对我来说非常艰难。我是说，你怎么才能一边开公司，一边交账单，同时不拿工资，并且每天挨家挨户上门推销自己的产品呢？这么做极其困难。在创办公司后的头两年里，我们几乎每天都有可能破产。但两年后，我们最终能够按时支付账单了。我们不仅支付了账单，而且分文不欠了！我记得我曾说：‘嘿，我们做到了。我们现在的结余是 2 000 美元！我们做到了。我们成功了！’”

最终，J. P. 运用他的说服和沟通技巧让他的公司取得了突飞猛进的发展。J. P. 还提升了他的倾听能力，养成了尽力深入了解客户需求的重要习惯。“我认为我真正擅长的是倾听。这不仅仅是听一听那么简单，也不是只想着自己接下来要说什么，而是要听每一个人都说了什么。养成这样的习惯需要一点时间，但我知道最终我可以做得很好。”

通过养成并坚持这些积极的成功习惯——倾听，有愿景，永远竭尽全力，忽视唱反调者的声音，以及用积极的心态面对拒绝，J. P. 让自己的公司迈出了国门，在海外也取得了成功。

或许你曾听过这句老话：“重要的不是从哪里开始，而是结果。”J. P. 的经历就是这句话的生动写照。他白手起家，成了世界上最富有的人之一。2015 年，他居于《福布斯》杂志美国富豪 400 排行榜第234位（净资产28亿美元）。J. P. 的全名是约翰·保罗·德乔里亚（John Paul DeJoria），他是宝美奇（Paul Mitchell）美发产品、培恩（Patrón）龙舌兰酒及其他十几家成功企业的创始人。

德乔里亚常常建议年轻的企业家培养积极的习惯，相信自己的直觉并勇敢地去冒险。他说："你不能就这样任凭别人对你泼冷水。我是说，他们又知道些什么呢？我曾多次听到别人这么对我说：'不，你永远没法进入美妆业。'每个人都告诉我，这里竞争太激烈，而我并没有多少钱。甚至在我开创培恩品牌时，有人说：'龙舌兰酒？37美元一瓶？你是闹着玩儿吗？我花4美元就能买到一瓶了！'所以你最好跟着自己的直觉走，而且始终要做有益于他人的事情。"

虽然我很喜欢约翰·保罗·德乔里亚的故事，但让我津津乐道的却是最初他的高中老师告诫他及其朋友米歇尔·吉列姆他们永远都不会有所成就的故事。当然，如果只说他们证明了老师是错的，这也太低估他们的成就了。约翰·保罗现在是一位亿万富翁，他改变着世界各地人们的生活；而米歇尔·吉列姆今天有一个更响亮的名字——米歇尔·菲利普斯，她是20世纪60年代民谣摇滚乐队"爸爸妈妈"（The Mmas & the Papas）的创始成员，该乐队的唱片销量高达4 000万张。米歇尔在约翰·保罗50岁生日的时候找到了那位老师，当老师得知他曾经教过的学生取得了如此惊人的成就时，他只说了句："哦，该死！"

带你走上不同道路的成功诀窍

我知道，聆听类似于约翰·保罗的故事是能鼓舞人心的。这可以是一个如电影《洛奇》（*Rocky*）或《追梦赤子心》（*Rudy*）那样催人奋进的故事，或者讲述某人经历失败后一路逆袭并取得成功的励志故事。尽管约翰·保罗的故事令人振奋，但在某种程度上，它也会让你怀疑自己的能力。你或许会想："我并不是约翰·保罗，我做不到他做的事情！我可能没有他的能力和勇气。"如果你这么想，那么这时你要意识到，你的起点并不重要，重要的是你的现状以及你的目标。

你必须做出到达那里的承诺！除了阅读本书，你还有其他许多事情可以做。而在很多情况下，你可能做着一些令你感官迟钝、消磨时间的事情，它们会让你继续待在舒适区，而这并不是你应有的样子。

现在，人们比历史上任何时期都要忙碌。我热爱科技，所有让我们生活得更加轻松的科技进步，也让我们的生活节奏变得更快。让我们正视现实吧：科技的确让每个人都忙得不可开交。短消息和电子邮件到来的提示音在我们的口袋里嗡嗡作响，我们随时随地都可以打电话，我们的手机可以安装全新的热门应用程序和社交媒体程序，我们变得前所未有地更容易分心、精神涣散，同时也更容易为一点点小事而焦头烂额。我们许多人都觉得自己每天都在全速奔跑，但总是一事无成。好吧，我要告诉你事情的真相：你确实跑得比以前更快了，但你可能只是在跑步机上跑步，而不是在梯子上向上攀爬。只有当你走上正确的道路，走得快才是件好事，否则你只会更快地迷失自己。一旦养成了恰当的成功习惯，你就能够向着正确的方向快速前进，因为你已经事先知道了目的地。我可以保证，我会以一种让你容易理解且能轻松应用的方式将这些习惯分享给你。很快你就会发现如何让生活中的所有其他"噪声"都安静下来，以及如何开辟一条全新的道路，让你更上一层楼。就让我来告诉你为什么这一次你会有所突破吧。

就像约翰·保罗一样，你将看到越来越多现在就可以开始的小小转变，它们会对你今后的道路产生重大影响。在上七年级的特殊阅读课时，我的老师汤普森小姐曾经像约翰·保罗的老师一样嘲笑我。她常常说我很笨，但我并不知道自己有阅读障碍，很难进行基本的阅读和拼写。我怎么都搞不清这是为什么。然而，在这些困惑中，甚至在汤普森小姐的误导之下，我依然抱有一线希望。实际上，这种情况也会带来不少契机，其中一个尤其会让你受益。

由于我无法像其他孩子一样正常阅读和理解，所以我发展出了一种独特的能力。我因为这个“障碍”而成了视觉型和听觉型学习者，并且知道如何找到浅显易懂的成功诀窍。与从头开始或通过反复试错来弄清一件事情相比，掌握事情的诀窍要高效得多。

节省时间的诀窍

掌握诀窍可以让你更快地取得成功。如果你想为朋友和家人做你最爱的意大利餐厅那诱人的肉酱面和肉丸，那么你有很多办法可用。你可以去意大利学习几个月的意式烹饪，也可以前往纽约海德公园的美国烹饪学院（Culinary Institute of America）学习几年，然后获得意式烹饪学位。你还可以一次又一次地尝试各种食谱，探寻秘制酱料。

或者，你可以找个周日直接去那家意大利餐厅，在上了12小时班之后的厨师疲惫地走向自己的汽车时，你可以走过去对他说：“主厨你好，我很喜欢你的意大利肉酱面和肉丸。我不做你这行，我也不会成为你的竞争者。我只想为我的家人做一次你的意大利肉酱面和肉丸，真的，我不想浪费时间。我可以用100美元换这道菜的配方吗？”

然后，你大概率可以回家做意大利肉酱面和肉丸了，而且和那位厨师做的一样好吃！现在你随时随地都能做这道菜，因为你已经有了配方。

本书将教给你另外一种类型的“秘方”，也就是我的做法：创造一种诀窍，让人们更快地获得他们想要的结果。帮助人们获得成功的方法可能有上百万种。你可能读过有关个人发展的书或参加过励志活动，但出于某种原因，这些做法并没有助你取得你想要的效果，而这也是你阅读本书的原因。我不会忘记这一点，肯定不会。

我在此承诺：我的一些秘诀可以帮助你在习惯上做出微小的改变，这些改变反过来会彻底颠覆你在今后生活中的面貌。为了在不久的将来和未来几年中实现全面的改变，我们只需按照百万富翁们的成功习惯做出一些小小的改变。在决定写这本书的时候，我回顾了自己的生活，找到了那些让我获得今日之成就的习惯，而这就是你将在本书中看到的。

小变化带来大成就

本书不仅建立在我个人的成功经历之上，而且包含了适用于任何人的普适原则。我还探索了我在工作中认识的亿万富翁、顶级运动员、商界精英及部分思想领袖的习惯。他们中的不少人都出身于社会底层，他们当时的状况比我们今天所能想到的更为艰难。在我提炼他们的策略并结合我个人的策略来审视它们的时候，我发现了那些改变我们的生活并将给你的生活带去巨大影响的微小变化，而这正是本书所要传递给你的。它将告诉你如何用新习惯替代旧习惯，帮助你迈向成功的下一个阶段。

你能拿起这本书，而且已经看了这么多，这让我感激不已，请不要就此停下。大多数人买书是因为书的名字，但买回来后他们就将其束之高阁，然后指望某种神秘力量可以用知识和行动步骤来武装我们的头脑。我知道你很忙，而读书需要时间和意愿，但我希望你能抽出时间，并保持继续阅读本书的意愿。我保证我将尽己所能，让它变得引人入胜、令人振奋，同时也能提供战术策略，让你抛弃当下对你无用的习惯，然后用那些可以拓展你的生命、财富及幸福指数的习惯来取而代之。我知道你可能觉得自己没有多余的时间来养成这些习惯，我知道你没法让一天多出五个小时来阅读本书，但正如你将在本书中看到的，养成一个新习惯就好比更换旧电池一样。下面的话我之前就说过，但值得在这里重复一遍：你不必用额外的时间来养成新习惯，只要改掉旧习惯即可。要做到这一点，你必须认识到自己已经陷入适得其反的日常习惯之中。一旦认识到它们，你就会发现改掉它们是多么势在必行。

通往成功的道路有千千万万条，但在所有这些途径之中，最快的方式就是优先考虑其中最好的一条。当成功的习惯成为你的新习惯时，你的生活将发生翻天覆地的变化。

你拿起本书是有原因的。也许你属于婴儿潮一代，出于责任，你已经工作了三四十年，而现在是你最后一次重塑自己的时机。也许多年前有人让你“别做梦了，做点安全又牢靠的正事儿”，而你正在做的事情抑制了你对工作和生活的热情，特别是当你知道自己本应做更多的时候。或者这个世界让你有不安全感，你的工作让你日复一日地活着，同时你指望事情会有所转变。或者你有自己的生意，但做得不太好，现在是时候更上一层楼了。又或者你已陷入穷困的境地，手头很紧，因此你需要一条新的道路。

你是谁以及你现在的处境如何都不重要。无论你是一个大学生，不确定这世界是否还有你父母曾经拥有的那些机会，还是你已经做好了准备，打算充分发挥自己的潜力并做一些全新的事情，本书都能够帮助你掌控自己的生活。是时候不做被动的“温度计”，转而开始成为主动应对的“恒温计”了！别再期待“突破”会奇迹般地不请自来。你可以创造自己的突破，而且它能够以超乎你想象的速度实现。

效率和成就的艺术

在我开始分享本书最后两章有关效率的增订内容时，我希望阅读本书的每个人都做到以下这点，那就是全力以赴！

而这到底意味着什么呢?

这意味着当看到第十二章和第十三章中的练习时，你一定要找时间去完成它们。如果我在某处建议你问自己一些问题，那么请你对自己百分之百诚实。

如果你已经读到了第十二章，那就意味着你不只是梦想家，而是实干者。所以让我们开始吧，让我们去完成这一切吧。我们从经验中得到的东西与我们付出的时间和精力成正比。所以，你如果打算将生活的中心转向更宏大、更美好的愿景，那么请全力以赴。你可以从本书中的一些简单指导开始。

当你阅读这些文字时，请试着将它们与情感挂钩，将它们与你最想要的改变和目标联系在一起。因为在做企业家的这么多年里，我学到的最重要的一件事就是：没有情感的信息是无用的。你如果想完全领会这些文字，那么请带着感情去学习。这将使得你所做的练习发挥更大的作用。

第一章

是时候改变你的习惯了

是这样的：你之所以充满信心并勇敢地付诸行动，那很可能是因为你对某件事情胸有成竹，你聆听和分辨着内心的呼唤，想看看你的直觉怎么说，你内心这个小小的声音说道“知道吗？现在就打个电话吧”或“这就是下一步要做的事情”。

——玛丽·弗里奥接受迪安·格拉齐奥西访谈时所言

当前是美国历史上一个动荡甚至可以说疯狂的时期。从失信于民且争议不断的政治家造成的恶劣影响，到人们对那些通过努力工作富裕起来的企业家的仇视心理，我们可以从中看到社会规范正在发生改变。正如我曾经提到的，大多数人会告诉你，尽管他们工作得比从前更加努力，也可以更快地把事情做成，但收效甚微；他们在成功的阶梯上奋力攀爬，然而不知何故，他们就是成功不了。

你是否觉得自己没有得到应得的或想要的结果？除了影响成果的技术，这里还有一个你可能尚未意识到的因素。好消息是，你没有因觉得所有努力都白费而疯掉。错不在你。让我们看看造成这一切的到底是什么吧。

生产率与收入

在为本书所做的研究中，对我最有吸引力的是一项有关生产率的统计。

观察下面的图 1–1，你会发现，许多年来，生产率和工资都在以 45° 的陡峭角度单向上升。然而到了 1973 年，情况有所变化。工资水平几乎不再变动，而生产率还保持着原有的发展趋势。工资和生产率之间的巨大差距说明了什么？这意味着整个社会的产出更多了，但我们的收入却反映不了这种产出。因此当你觉得自己做得更努力、速度更快，而且运用当今的技术完成了更多任务时，你一点也没错。然而，我们的工资水平却没有跟上。

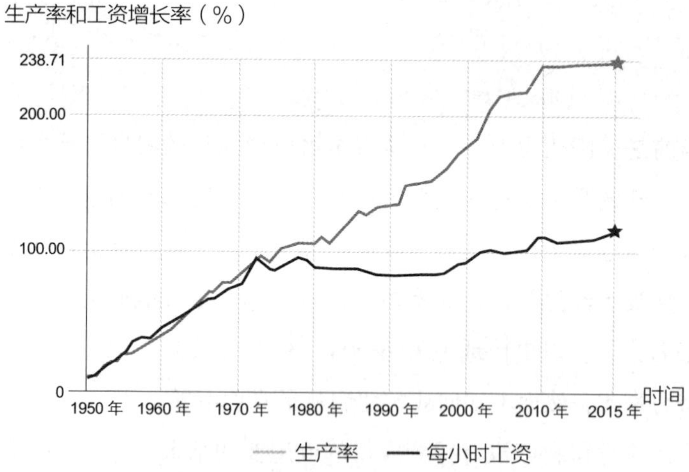

注：截至 2015 年 9 月，生产率增长水平比工资高 7.8 倍。

图 1–1　生产率与工资的脱节（1950—2015 年）

数据来源：美国经济政策研究所（Economic Policy Institute）。

这就是你觉得自己比以往都要忙，但经济上还是很拮据的原因。不幸的是，上述差距还在持续扩大。我们可以忽视它，然后把它怪到别人头上，或者我们养成让自己的家庭收入翻倍并取得更大成功的习惯。

中产阶级当前正在遭遇沉重的打击。有些人甚至说我们正在走向两极化社会。我知道现在有一些政客和想要推动自己的如意算盘的人正抓着这一点喋喋不休，但我想将这个问题变得更“接地气”一些——我想说的是，这一社会现实将如何影响你和你的家人的经济状况。

我并不是要抨击富人。我可不会！在本书中，我只想为你提供能让你变得富有或让你已有的财富增值的习惯。统计数据不会说谎。如果你还没有做好准备或没有合适的工具，那么美国当前正在发生的这种转变可能会对你造成严重影响。在看到下面的图 1–2 时，我知道我必须将它分享出来。1981 年之前，所有社会阶层的收入都在以同样速度增长。然而在 1981 年之后，不同阶层的收入增长水平出现了分裂。收入最高的 1% 的人群脱离了整体，自那以后，这些人的收入增长了 138%，而低收入的 90% 的人群的收入只增加了 15%。

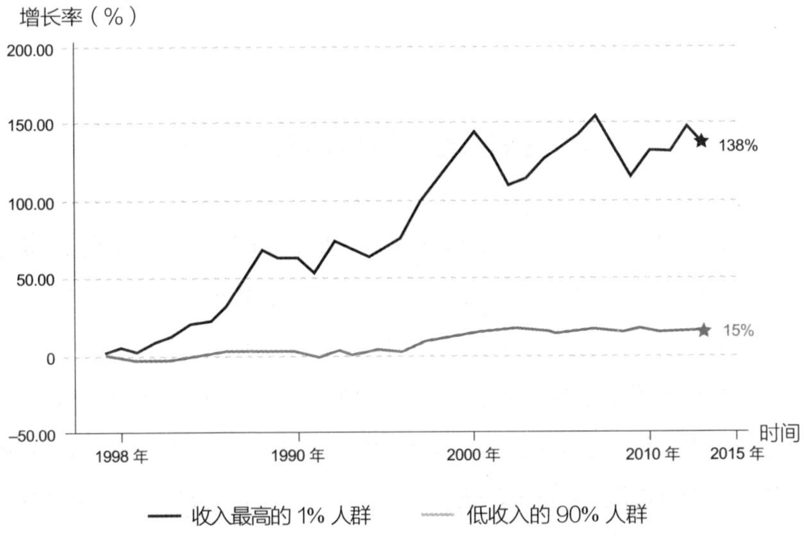

注：这里的数据指的是自 1979 年以来年均收入的累计增长水平。

图 1–2 收入最高的 1% 与低收入的 90% 人群的收入增长曲线（1980—2015 年）

数据来源：美国经济政策研究所。

这张图反映的事实看起来令人不安。请给我一分钟时间，让我好好想一想这些所谓的“事实”，然后再让我解释一下它们会给你造成怎样的影响。

从某个角度来看，收入差距越来越大，我们似乎正在向着两极化社会演进。中产阶级被挤了出来，我们从上图中明显可以看出，这不仅仅是一种理论，而且就是活生生的现实。而这也正是你会产生我之前所说的那种感受的原因。

如果这张图让你感到恐惧，那么你可以想一想：假如你在这张图中看到的收入差距对你来说并不重要，假如你知道有很多办法可以让你在经济上不受影响并让你和家人在生活中创造出一个你想要的“阶层”来，你会怎么做？

衡量成功的新标准

如你所见，我不得不相信统计数据。如果它们让你感到震惊，那就太好了！因为这样你就有更多理由来继续阅读本书并在生活中有所行动了。然而，更令人担忧的却是“中产阶级”这个概念如今的含义。

如果你和你的配偶年收入之和为 12 万美元，那么这意味着你们属于中产阶级。我们应该为此而庆幸吗？如果你们其中一人有两份工作，而且不得不在周末加班呢？当然，你们可能有一辆不错的车、一栋漂亮的房子，有假期，还拥有一些很酷的东西。但也许你们很少有时间陪自己的孩子，他们不得不上日托。也许你和你的配偶已经有一阵子没好好相聚了，只因为你太忙；也许你和配偶对彼此的情感投入实际上也更少了，因为你们通常只通过电子邮件或短消息来沟通；你可能拥有自己的企业，但你每天都感觉不堪重负。上述这些只不过是众多类似情境中的一小部分，而我想要表达的是：这真的是你想要的中产阶级生活吗？

是时候重新定义中产阶级了。确切地说，我们需要开始讨论壮志未酬的中产阶级和被赋权的中产阶级。我们也同样要对上层阶级和下层阶级进行重新定义。

无论你是否相信中产阶级正在消失，这都不重要。如果你的经济状况尚且不错，但生活品质却很差，或者你还没有充分发挥自己的潜力，那么这就不是生活的意义所在。有钱但没有生活的感觉很糟糕，没钱却又希望自己能创造所谓的生活也会让人备受煎熬。我将在本书中继续告诉你们，只要养成正确的习惯，无论经济状况如何，无论这个国家的阶层体系发生了怎样的变化，无论美国总统是谁，这些都无关紧要，重要的是你可以跟随自己的节奏。记住，你要成为主动应变的“恒温计”，而不是被动变化的“温度计”。只有这样，你才能掌控你的个人经济状况和生活方式，才可以通过有意义的、有成就感的方式来满足自己的需求。是的，当你有信心并且养成正确的习惯时，这个目标就不仅仅是一种可能了。

金钱不邪恶

在我这么多年的人生旅程以及与我那成千上万的学员的直接接触中，我发现许多人都持有这样一个狭隘的观点：金钱不是好东西。这种想法可能源自许多方面，例如反物质主义的父母、某种政治意识形态或某种宗教教义。因此在进一步讨论之前，让我们先探讨一下这种观念，确保我们对此都有清晰的认识。

变得富有可能无法解决所有问题，但确实又能解决不少问题。当你的家庭经济状况变得稳定之后，你可以更频繁地在外就餐、请人来帮你收取干洗衣物、雇人打扫房屋、还清债务、度假，甚至是捐助慈善事业。你还可以让自己的配偶离职，让其他人来填补其职位并获得那些你不再需要的收入。

因此，无论你是想帮助改善世界经济状况，还是仅仅好奇自己和家人接下来的生活水平会怎样，我相信现在就是历史上最伟大的时刻，它可以让你得到自己想要的。让我们面对当下吧，资本主义现已声名狼藉；人们不再认为企业家对我们的经济体系至关重要，相反大家时常认为企业家是贪婪且不道德的。对那些仍然相信资本主义制度的人来说，这听上去实在疯狂，然而“金钱不是好东西”的观念已然在某些社会群体中扎下了根。

然而现实的真理却是：以合乎道德的方式赚来的钱可以让你为这个世界做一些不可思议的事情。

我所认识的每个千万富翁和亿万富翁都是靠着自己的钱过上好日子，进而给世界带去巨大影响的。大多数亿万富翁都雇用了成千上万名员工，而这些员工可以以此来帮助自己的家人和父母不再工作，同时支持他们的孩子在自己的基础上甚至更高的起点上开启人生旅程。他们帮助修建教堂，向缺水的地区赠水，创办慈善机构并为其提供资金支持，而且通常都很低调。就像我之前写的那样，他们之所以能这样做，是因为以道德的方式赚来的钱可以带来令人难以置信的副产品——给我们的朋友、家人及整个世界带去巨大的好处。

你如果还在读这本书，而且希望能在一生中有更多收获，那么让自己变得富有起来，变得没有顾虑，再看看自己可以为这个世界做多少好事吧。

此外，我们还需要考虑其他一些事情。现在整个社会似乎都在贬低资本主义、企业家及赚钱这件事。然而与此同时，缺钱给人们的生活带去的压力比世界上其他任何事情的影响都要大。专家表示，大多数人离婚都是由金钱问题引起的，而服用抗焦虑药物的大多数人都承认他们有财务上的担忧。

大多数感觉自己与孩子或配偶疏离的人声称，这是因为他们不仅没钱、没时间，而且还干着一份令人讨厌的工作。你曾经为钱发愁吗？你一定有过。“我有足够的钱吗？我知足吗？”这些问题会让任何人感到不安。我的一位导师曾经这样教导我：“如果你可以通过开支票来解决一个问题，你就不会有任何问题。”你可以像念咒语一样重复这句话。如果你可以给这个问题开张支票，这个问题就不存在。如果有些账单让你感到了压力，你就开一张支票，这样问题自然就会得到解决。担心孩子的大学教育问题吗？开张支票好了。担心父母变老，没有足够的钱过退休生活吗？像我一样开张支票让父母退休吧。为你的未来感到担忧吗？开张支票就没事了。你的生意做得不够好吗？开张支票，问题迎刃而解。

别跟我说“钱不能解决问题”。当你赚到了钱，你就可以做最好的自己。试想：如果现在我就坐在你的身边并且掐住你的脖子，那么你唯一能想到的东西是氧气。但是在此之前，我敢说主导你思维的并不是呼吸下一口空气这样的事情，因为你知道这是自然而然的事情。人们之所以在金钱方面有压力，是因为与过上自己想要的生活所需的金钱相比，他们觉得自己像是被掐住了脖子。

你有没有想过，对于在相同环境中长大或在同一个领域从事相似职业的两个人来说，为什么其中一个人的收入会是另一个人的两倍？或者为什么其中一个人在工作中表现得十分突出，但后来却离职去做自己的事情，而另一个人却说：“哦，但是经济状况不太好啊，总统、国会，还有我的老板都在拖我的后腿。”两个人，就会有两种完全不同的人生结局。原因何在？与什么都不做却希望得到更多的人相比，那些让自己的人生更上一层楼的人有着不同的日常习惯。

你将在本书中看到这些习惯的作用，你会对它们中的每一个感到兴奋。就像我曾经说过的那样，重要的不是你的起点，而是你的目标。

“把握方向盘”

我想用多年来自己始终在分享的一个故事来结束第一章。想象一下，一个农夫每天起床后将他的谷物装上拖拉机，接着启动拖拉机，开去 1 英里（约 1.6 千米）之外的牧场喂牛，牛一下子都跑了过来。他把饲料倒出，然后返回谷仓。

如果在 10 年、15 年、20 年间，他每天都是如此往复，最终会发生什么？他会在通往牧场的路上留下车辙。最后，他只要能起床，这一天就会将谷物装上拖拉机，然后启动拖拉机、挂挡、起步，拖拉机就会将他带到他多年来一直去的那个地方。

你可以将这个故事用在你的生活中，然后问问自己：我是不是也“放开了方向盘”？我是否也留下了每天做同样事情的车辙？这不一定意味着你的整个生活都一成不变，但你可能会无意识地每天重复同样的事情，并且期待得到不同的结果。你是否有这样的习惯：每天都一样，但同时希望某些外部因素会改变它？也许你在等待经济形势有所变化，等待一个人代你去做某些事情，或是在等待命运赐予你一张中奖彩票？你是不是已经变成了被动的“温度计”而非主动的“恒温计”？

我不是要批判你。这种情况发生在我们每个人身上。大多数人都会按照惯性往前走，但我们不一定要这么做。而这就是那个农夫故事的重要之处：要想改变农夫行进的方向和他的目的地，他不一定要去往相反的方向。这不是什么让你觉得必须彻底改变自己的新年新决心。

你不必明早起来就开始全新的计划——做瑜伽，然后冥想，接着再进行一个钟头的感恩活动。是的，所有这一切都值得一试，但明天你要做的就是将自己放在那个农夫的位置上，接着将方向盘转动 1/4 英寸（约 2.54 毫米）。做一个小小的转变。

如果农夫某一天将方向盘转动 1/4 英寸，那么他在行驶了 1 英里之后完全有可能就无法看到他熟悉的那块牧场，因为他已经距离那儿有一段距离了。那些车辙将不复存在，因为他将开辟一条新的道路——如果他每次将方向盘转动 1/4 英寸的话。

我知道，除了读这本书、看电视、参加体育活动以及处理日常琐事之外，你还有其他事情可做。而那些事情永远都在那儿，不会消失。你是愿意换灯泡还是改变自己的生活？所谓致富，不是吞下神奇药丸，什么都不做就可以让自己银行账户里的钱越变越多，也不是中彩票，更不是等待别人为你做点什么。要想致富，你就要改变自己的习惯与想法，而你可以从今天开始。

正如约翰·保罗·德乔里亚所说：“成功人士和不成功人士的不同之处在于，成功人士会做那些不成功的人不愿意做的事情。”我想补充的是，成功人士有一套核心的习惯推动着他们，普通人将成功与运气混为一谈。但与成功有关的并非运气，而是百万富翁的习惯。

现在让我们来看看你当前的生活以及你想要的生活吧。

第二章

一切成功的基础

我们在现代生活中面临的挑战之一就是，我们可以完成许多了不起的事情，为此也面临很多的选择。在我们的生活中，有太多事情吸引着我们的注意力。我们如果不能很好地应对现代生活，就会受制于它。而选择就是这样一种应对行为，我是这样感觉的，而且这对我很重要，因为这样你才能真正聚焦于自己的直觉。

——乔·波利什接受迪安·格拉齐奥西采访时所言

你的目标，也就是你在生活中的目标是什么？很多人都在这个看似简单的问题上纠结不已。为什么说人们纠结于此呢？如果我们在一个星期内随机找 5 个人，问问他们不希望自己的生活变成什么样，那么我敢保证他们会列出一长串清单。他们或许会舔舔手指，清清嗓子，然后就好像要发布改变人生的宣言似的拿起一份清单，开始细数上面的项目。

- 我不希望自己的收入水平和工作还是现在这个样子。
- 我不希望配偶总是因家庭开销和花在家务活上的时间而唠叨我。
- 我不希望下一年还要开这辆破车。

这种“我不希望……”的话总是容易脱口而出。这么说非常简单，以至人们有时说得就像排练过一样，似乎他们一直在考虑这件事。为什么会这样呢？因为他们的确一直在想这件事。

那么，你问这些人不希望生活变成什么样，然后在他们列举到第五或第六项时突然打断他们，停顿一秒，接着问道：“好的，我知道你不希望生活变成什么样了。我还要问的是，你希望生活变成什么样？”这时，事情就开始变得有趣了。问了这个问题之后，你会看到他们露出困惑的表情，继而皱起眉头。他们开始思考你的问题。此时他们的反应与你问他们不希望自己的生活变成什么样子时的反应截然相反。很多人会说“嗯，这个问题问得很好”或“我得好好考虑一下”。

他们像是在说：“我开着一辆快车，时速 100 英里（约合 161 千米），我非常清楚自己不想去佛罗里达州、得克萨斯州或亚利桑那州，但我不确定自己真正想去哪里。”然后呢？他们哪儿也去不了。他们的车没油了，无法到达目的地，因为他们只知道自己不想去哪里。这听起来很简单，对吗？也许你会说：“哦，伙计，迪安，这就是你教给我的大智慧吗？”实际上，这是其中的很大一部分，而你必须努力去理解智慧到底是什么。一旦你理解了这一点，你就会明白这就是阻碍你实现突破和更上一层楼的最大原因了。

所以，我要问你这样一个问题：你认识这样的人吗？这些人更容易表达自己不想要什么样的生活，而不是自己想要怎样的生活。也许这样的人是你的某个朋友、亲戚或你的伴侣。也许这个人与你的关系更加密切，是那个你每天早晨起床就能在镜子里看见的人？你看，当今社会最疯狂的事情就是每个人都在飞速运转自己的“法拉利跑车大脑”（Ferrair brain），却没人打开自己的 GPS（全球定位系统）！

这种情况对一个社会来说是不幸的：无论我们走得有多快，无论我们的热情多么高涨，无论我们在某些事情上倾注了多少精力，你如果无法对自己的目标形成清晰的认识，那么永远都实现不了它。我之所以要拿法拉利跑车打比方，是因为即便你可以买到世界上最昂贵的法拉利，想开多快就开多快，但你如果不知道自己的目的地，那么最终哪儿也去不了，而且你很快就会看到这种结局。你是愿意开着一辆法拉利以每小时 200 英里（约合 322 千米）的速度冲下悬崖，还是想开着一辆普锐斯（Prius）去往梦想之地呢？

接下来，我将分享一个对百万富翁来说最重要的成功习惯。在过去的20多年里，我始终在与我的学员分享这个习惯，而未来我将继续分享它，直到我再也做不了演讲为止。所以，我希望你能够从头到尾通读这本书。仅仅阅读这一章可以让你超越世界上98%的人——这98%的人正是在跑步机上奔跑，但想不通他们为什么不能到达自己目的地的人；或者是那些驾驶法拉利，不开GPS，却不明白自己为何会开到沟里的人。

我常常听到有人这么说："迪安，我需要更多时间。我希望我可以复制一个自己或找一个好帮手。我永远没有足够的时间来处理我的生意、让自己的事业更上一层楼、升职或赚更多钱。"大多数人认为他们一天需要36个小时，但实际上他们只是对自己的生活缺乏清晰的愿景。比尔·盖茨或马克·扎克伯格是因为一天有36个小时才获得成功的吗？

如果你每天都因为时间不够、分心或自己的拖延问题而感到不堪重负，那么我敢肯定你不明确自己的生活目标是什么。相信我，这是我向我所有学员提出的第一个问题，大多数人在思考它的时候都摸不着头脑。当你不知道自己的目标是什么时，你就会将时间用在这样的事情上，它们会让你赚不到钱，升不了职，没法和家人团聚或者无法享受优质生活。在你做这些无益于你的未来的事情的同时，你将不得不拒绝那些能够推动事业进步并让你获得更多收入和快乐的事情。

另外，一旦你对生活有了清晰的愿景，你就不会将时间浪费在那些与你的梦想、目标或抱负无关的事情上了。你的行动有了目标，而你的时间也用在了实现这些目标上。你将停止拖延，因为你百分之百确信，自己不能将任何事情拖到明天。因此，让我们将目光聚焦在那些我多年来养成的习惯上，它们包括我通过自己的实践和试错而养成的习惯，以及那些我从其他成功人士那儿借鉴来的习惯。一旦你形成了自己的愿景，事情将变得明朗起来，这就好像你戴上了一副全新的眼镜，能够看清自己过去的方法已经不合时宜。

我们都知道设定目标是成功的一个极其重要的部分。我认为本杰明·富兰克林是第一个写下自己的目标并且知道自己要去向何方的人，但我们将要在这一章看到的内容已经超越了这一典型的“目标设定”步骤。有时，当你被喧闹、忙碌甚至可怕的事情包围时，你将很难设定目标，但你务必诚实地面对你现在的生活。之后我将给你一个秘密工具，它可以让你展望未来，找到自己的道路。接下来，我们将用你真正的“为什么”来锁定你的目标，剩下的唯一一件事情就是学会怎么去做了。幸运的是，这本书的目的就是为你提供这些工具和技巧，当然还有实现“如何做”的习惯。

老实说，你的现状如何

在你评估自己当下的生活之前，我要提出一个请求：诚实。在本书中，我将向你提出一些棘手的问题，请不要试图回答你认为我希望听到的答案或让你感觉良好的答案。这是大多数人不假思索就会做的事情，尽管我能够理解这种条件反射式的行为，但我还是希望你可以好好想一想保持坦诚的重要性。只有对自己诚实，我们才能向着自己的梦想、抱负和愿望迈进。有了这样的想法，让我们开始考虑你当前的位置吧。这是什么意思呢？我的意思并不是让你做字面意义上的回答，例如当前在阅读本书的同时，你或正躺在沙发里，或在度假，或在浴室里。我指的不是你的物理位置，我的意思是：你当前处于什么样的状态中？你为什么要读这本书？

也许你正因为（觉得）自己的潜力没有发挥出来而挣扎，或者你担心自己过的只是一种“说得过去”的生活，而不是你梦想的生活。也许你目前正在寻找一些东西来保障你的财务状况，因为你的收入勉强够用，而你的抵押贷款和助学贷款一直紧追着你。也许你只是想尝试一些新的事物来帮助自己改善生活。如果你能将自己和上述任何一种情况联系上，那就太好了。

又或许你刚大学毕业，或者你还在上大学，你对未来充满迷茫。如果是这样，恭喜你到达了人生的这个阶段！也许你觉得是时候彻底改造自己了，也许你只是对已经工作了 10 年还要听从别人指示的状况感到厌倦。如果是这样，我还是要恭喜你！又或者你是一名想要获得更多利润的企业老板，你想要迈上新的台阶，或者需要获得可以让你的企业更上一层楼的秘诀。如果是这样，我也要恭喜你！

我举这些例子是为了帮助你思考你的现状，同时让你相信，无论你处在人生的哪个阶段，你都不是孤身一人。所以请深入挖掘，坦诚面对自己。有时，我们会假装一切安好，忘记了真正重要的是什么。你必须试着打破“一切安好”的心态，将你内心的真实想法写下来。

实际上，你现在就可以停止阅读，拿起便笺纸或手机，或用电脑写下有关“我现在是什么样的状态”的内容。除了你的财务状况，你还可以写下生活中对你最重要的那些方面的情况，例如爱情、亲密关系、健康、职业生涯以及家人等。写下这些不同的方面之后，你可以继续在每一项旁边描述你当前的状况，不要写别人对你的看法。相反，在照镜子时，你可以非常诚实地面对自己，你可以问问自己现在何处，现状如何。在我们制定你的理想目标之前，我们必须了解你的起点。

你的目标是什么

这里有个故事可以帮助你思考自己的目标，而不是你不想要的状态。我的一位好友曾经带领一个由 18 名男孩组成的教会小队前往科罗拉多州的杜兰戈开展冒险之旅，他们打算在那儿进行白浪漂流。当他们到达那儿时，向导告诉他们，现在的激流已经比他们许多年之前看到的落差更高、水流更猛了。如果我们将激流的强度等级由弱至强划分为 1~5 级，那么他们将要漂流的大多数激流的强度都在 4 级左右。向导因为担心漂流小队的安全，所以让他们在漂流河段的前一英里内进行了多次练习。这位向导不断向他们灌输这样一个概念：积极点（positive point）。他说："小伙子们，当我指向什么地方时，我只会指向我们要去的地方。我绝不会指向可能会截住我们的倒下的树，或者可能会刺穿橡皮筏的尖锐礁石。如果我指向的是我们不想撞上的地方，那么它就是我们要集中所有注意力的地方。我可以向你们保证，我们能够直接穿越它。不要因为我们距离礁石只有几英寸而担心，你们只要聚焦在积极点上，然后动用你们所有的能量和注意力，将自己带往那里。"在这种积极点的指引下，他们的思维聚焦在了解决方案（划向开阔水域）而不是障碍（撞上礁石）上。因此，他们陷入麻烦的可能性大大减小。

是的，做比说难。但是，一旦你开始聚焦你想要的东西而非你不想要的东西，这种做法就会成为你的成功习惯，它可以彻底改变你生活中很多事情的结果。

当你在本章中学到的东西融汇成你的一部分之后，在出现问题时，你可能会看上一眼那锯齿状的礁石，但随后你会立即寻找开阔的水域，也就是积极点。这方面的练习做得越多，你就越有可能在生活陷入困境时只看向开阔的地方。多年来，我一直在传授这样一个真理：当你专注于结果而非困难时，你的生活将大有不同。

你觉得约翰·保罗·德乔里亚及世界上那些最富有的人是怎样变得如此成功的？因为他们都有明确的目标，而且在目标的指引下采取了行动。我们大多数人对生活都有更多期望，但我们的意图不够具体，因此我们不知道自己该如何实现目标。这就是你可能会被电话或电子邮件干扰的原因，也是你会感到没有条理、压力重重、不堪重负的原因，甚至也是你觉得美国变得和过去不一样，你没有机会更上一层楼（这种想法完全错误）的原因。现在的机会比以往任何时候都要多！当下可能是历史上能够让人领先于潮流的最伟大的时代之一。然而最重要的是，你必须锁定你的目标，并且绘制让你的生活能够更上一层楼的路径图。一旦你找到了真正清晰的目标，那些曾经干扰你或拖你后腿的事情将不再能够阻止你实现自己的目标。

站在未来回顾过去

我们知道，目标设定可以说是通往成功的最重要的一步。但说实话，有时候，按照传统做法设定一年、两年或五年期目标是很困难的。我们过着疯狂而忙碌的生活，可能会深陷于一些细枝末节，无法抬起头看清未来。你的事业、家庭、工作及各种事情都变化得太快，以致你很难将注意力集中在前进的道路上。你用了太多时间去应对眼前的事情——那些你够得着的事，而展望未来却成了一件可能比较困难的事情。

因此，接下来我要说说我们该如何看透日常工作。丹·沙利文是我的导师，他向我传授了下面这种“站在未来回顾过去”的做法，而它很快改变了我以及和我一同分享这个做法的成千上万人的处事原则。

想象一下，一年后的今天，当你回顾过去的一年时，你发现这是你生命中经历过的最美好的一年。这对你来说意味着什么？如果你每天早晨醒来时都充满激情，没有不如意，而且自认为没有浪费自己的潜能，事情会变得怎样？写下这段话时，我回想了一下对未来几年的期望，我的构想让我起了一身鸡皮疙瘩。我希望你也能体验同样的兴奋之情。想象一下你生命中最美好的一年会是什么样子，让自己的情绪变得激动起来，投入其中，沉浸其中，想象那些让一切变得如此美妙的具体细节。

更具体地说，在回顾这一年时，你可以问问自己以下问题。

- 你赚了多少钱？你存了多少钱用作家庭保障？你为谁提供了经济上的关照？
- 你每天在哪里上班？你是在家办公还是要开车去别的地方上班？
- 你是否将你现在的公司提升到了一个新的水平？你在开始创办自己的公司吗？你在逐步晋升吗？你和老板的关系是不是变得更好了？或者更好的是，你就是老板？
- 在清晨时分或经历漫长的一天之后，你的伴侣对你怎么看？
- 你与孩子或家人的关系现在如何？
- 一年后你的生活到底是什么样子的呢？当你回顾这一年时，它是你经历过的最好的一年吗？

你可以无拘无束地去体会，没有什么能让你远离这些真切的感受。不要说“好吧，我应该保持身材，但我忙得没时间健身”，也不要说“我可以自己开一家公司，但我不得不靠现在这份工作付房租”。这是站在当前工作的角度去展望未来，这么做只会像锚一样把你拉回现实。

如果你还没有这么想，那么我希望你可以停下来，快速地写下你的答案。对每个问题都回答得具体一些。想到什么，就写什么。

你会发现，当你了解了自己当下的状况时，你就有了一个真正的出发点。接着，当你花时间回顾过去并设定你想在下一年实现的目标时，你就已经比大多数原地踏步的人——那些忽视了这个简单的习惯和练习的人做得更多了。知道哪些人不会忽视它吗？成功人士！当你知道自己的目标是什么时，你就有了一个过滤器，它可以让你对某些朋友、任务、机会或某些电子邮件说“不”。因为在你的内心深处，你知道这些对实现愿景来说都没有帮助。一旦你明确了自己的目标，你就会行动起来，向着人生中最美好的一年迈进，而它可能会给你带来人生中最美好的 10 年，并最终成就你最为美好的下半生。

做完这个练习之后，你将不再感到不堪重负。你会找到更多时间，而你的压力也将就此消散。所有我曾有幸结识或与我成为好朋友的成功人士都明白他们的人生愿景和终极目标是什么，他们都按照自己内心的愿景生活。而现在，是时候形成你自己的愿景或将其上升到一个全新的层次了。一旦你认清了自己的现状和目标，你就会发现自己可以更轻松地掌握其他成功习惯。

明确你的“为什么”

现在让我们看看下一个关键要素，也就是让你的愿景成为现实的那一部分。这是你实现愿景所必须完成的步骤，即理解你的那些“为什么”。以下是你必须回答的一些关键的“为什么”。

- 你为什么希望当前的收入可以“更上一层楼”？
- 你为什么想自己创业？
- 你为什么希望自己的公司能够发展，抑或你为什么想要离职，又或者你为什么想要升职？
- 你为什么希望自己的父母或配偶不用工作？
- 你为什么想要减肥，想要在生活中得到更多亲密感，希望做起事来更有热情，希望每天都更快乐，希望欢笑多于愁眉苦脸？

我敢打赌，你看到这些问题时会对自己说：“天哪，可不是吗！”但为什么你真的就是这么想的呢？我知道你想这么做的原因比你想象的要更深刻，而我将告诉你如何把这些原因挖掘出来。在你挖掘的时候，请做好思绪不可遏制地翻涌的准备。也许你会流下眼泪，因为我就是这样。

大多数人的问题在于，他们并没有深入自己的内心和灵魂，找到他们想这样做的真正原因。不幸的是，我们的大脑遮蔽我们真实内心和灵魂的能力相当强大。当你问别人他们都有哪些“为什么”的问题时——我曾经这样问过数千名我的学员，大多数人会说“我希望赚更多钱，因为我想实现财务自由”，或“我想要更多钱来还债”，抑或“我想减肥，因为这样会让我变得好看”。是的，这些答案都不错，但它们都不够深刻。你如果没有深层次的目标，那么可能无法挺过最为艰难的时刻。如果生活中的种种困难像暴风雨一样向你袭来，那么“我想要一栋新房子”这样的理由是否可以让你有足够的动力不顾一切去实现你的理想呢？又或者，“我想要腹肌”之类的理由足以让你在经历了漫长的一天工作之后前往健身房吗？我十分怀疑！但是当你可以找到更深刻的理由来回答“为什么”时，情况就不一样了。

让我强调一下这么做有多重要。在本书中，我保证会给大家带来成功的习惯，它们会让你感到惊叹，让你产生在自己的生活中应用它们的渴望。但如果你没有从这些基本的习惯做起，那么我分享给你的其他任何东西就都没有意义了。因此，请做好准备，在更深的层面上对自己保持诚实，因为我们将一同探寻你真正的意图。

“我们行为背后的目的是什么？”我们通常不会问自己这样的问题。这听起来有些疯狂，其实这是一个我们每天都该问自己的问题。当我们充分了解自己的真正目的，也就是生活中驱动我们的目标并将其转化为行动时，我们就能获得以前所未有的步伐前进所需的动力。

为何“为什么”很重要

即使你可以教一些人为了赚得 10 美元而卖出 20 美元商品或服务的方法，他们中的部分人也会被自己的想法左右而无法获得成功。哪怕对于一些非常简单的事情，他们都可以说服自己半途而废，放弃对成功的追求，甚至根本没有意识到他们是在退缩不前。因为在很多情况下，恐惧遏制了我们前进的动力，它拖慢了我们前行的速度，使得我们最终彻底停滞不前。正是出于这个原因，我总是痴迷于寻找能够让人养成习惯或帮助自己扫除这些障碍的手段、策略与秘诀，让人们不会在快要接近成功或在距离突破只有一步之遥时就此放弃或转身离去。你如果确实热爱自己当下的生活，那么大可回到原来的状态，继续过你喜欢的日子。但你不是这样的人，你已经或者正在意识到你可以发挥自己拥有的潜力，同时不必像别人那样生活或按别人说的那样生活。你不希望在回顾过去的5年、10年或25年的时候发现自己在一生中的大多数时间都日复一日地过着平凡的日子。你也不会想要浪费那些永远不会重来的宝贵时光。

我希望阅读这本书能够让你受到启发。但你若受到激励而只是兴奋了一个星期，接着又回归了原来的老习惯，那么这是因为我做得还不够好。然而，我希望这些成功的习惯能够成为行为上的强力胶。我希望这些经验能够长期陪伴你左右，这样你就没必要再去读其他成功学的书了。我的使命是让你养成这些习惯，继而在多年后回顾过去之时，你会发现自己认不出过去的你（此刻的你）了，因为你已经开始充分运用自己的全部潜力。这就是我们在这个世界上、在自己的一生中应该做到的一切：每一天都充分发挥自己的潜力。你不一定要成为我，也不必成为比尔·盖茨、佩顿·曼宁或奥普拉·温弗里等其他任何人。你只需尽自己的所能做到最好即可。

好吧，我已经给了你足够多的鼓励！现在是时候请你做一做我最喜欢的练习，找到你的“为什么”问题的真正答案了，这些答案可以帮助你度过最艰难的日子，为你带去对美好生活的更多希冀。

让我们开始7层深度思考

大约8年前，为了让我的学员和读者更深入地参与我的工作和教学，我聘请了一位名叫乔·斯顿普的顾问来帮助我。乔的工作能力非常出色，当然雇用他的代价也不菲，但我知道这么做对我的学员和客户来说是值得的。于是我打算付一大笔钱请他来帮助我，但他在最后一刻却说：“为什么我们不可以这样：比如我在早上为你的问题和目标提供咨询，然后下午你再为我做一些咨询呢？”我欣然同意了他的建议，做好了从乔那里吸收全新知识和智慧的准备。那次会面让我记忆犹新。乔·斯顿普、我的好伙伴乔·波利什（也是引荐人）、其他几位团队成员以及我本人围坐在我那座位于亚利桑那州斯科茨代尔的老房子屋外的一张桌子旁。我非常喜欢这个户外空间！那里有很多高大的、手工雕刻的木椅，椅子实在太高，它的靠背足足超出我的头两英尺（约0.6米）！它们配有柔软的黄色椅垫，围绕着一张漂亮的、又大又长的托斯卡纳桌。那天下午当地的气温是24摄氏度，是个适合举办户外会议的好天气。这些都是看似普通的细节，但它们之所以在我的记忆中还如此鲜活，是因为我的人生从此变得大不一样。

我们在桌前就座，乔·斯顿普对我说："迪安，你为什么希望我来这儿？主要原因是什么？"

我回答道："这是因为我知道我可以给人们提供行之有效的策略，让他们走向成功和获得财富，但我常常没法让他们付诸行动。我不仅希望他们能够看我写的书，接受我的培训，还希望他们能够运用这些信息、投入进去并坚持下去，这样他们中就有更多人能看到自己行动的成果。甚至有好几年，我一直在为我的学员提供'每周智慧'指引（参见www.weeklywisdom.com），帮助他们走上成功之路。为了让他们全身心地参与进来，我竭尽全力，但我的很多学员都回归了他们的旧习。他们似乎希望事情本身有所改变，而不是自己做出改变。我只希望他们能够坚持练习足够长时间来实现这些小小的转变，并对自己的目标保持热情。我知道，一旦他们有了一点感觉，他们就不会再回头。"

他看着我说："哇，迪安，这很厉害。你有没有做过7层深度思考练习？"

我说："我不知道这是什么。"

"这是我做过的最有意义的事情，它可以大大改变你的学员，让他们保持比以往更长久的参与度和积极性。它可以真真切切地让他们投入生活。”

当时我的反应是：“哇，了不起！请传授给我，让我学会吧！”

乔接着说道：“对不起，迪安，现在不行。我希望你们能先感受一下。”

“拜托了，乔。我希望快点做到。我学得很快。我想学会 7 层深度思考练习，也希望尽快将它传授给我的学员和读者。”

而乔变得更加坚持，他说：“不，掌握它的方法只有一个，那就是你自己从头到尾这样做一遍。”

“好吧。”我终于让步了。

现在，当你读到下面这几段时，我希望你想象自己在和另一个人一起做这个练习。这个人可以是你的配偶、同事或朋友，想象你们一起练习的场景。

你将看到，当乔提出一个问题的时候，我给他的答案成了下一个问题的基础，而我们将如此重复 7 次。例如，他问：“为什么你需要我？”我回答：“我希望学会如何帮助我的学员。”他将接着问：“为什么你希望帮助你的学员？”

这种练习叫作“7 层深度思考练习”，因为通过回答 7 次有关“为什么”的提问，你将逐步深入你的答案。我不知道数字 7 有什么神奇之处，它可以带你找到你想要的答案，不过在这里它一定是恰到好处的。

乔拿着一张纸坐到我的面前，正对着我。他说：“我刚才问你为什么希望我来帮助你，你说因为你希望你的客户、读者和学员能够更加投入，这样你就可以改变他们，让他们的生活变得更好，甚至比你的还要好。我认为这是一个很好的答案。迪安，这很高尚！现在让我问你这样一个问题：为什么你要让更多的客户、读者和学员投入学习，理解更多，克服困难，采取行动，构想更上一层楼的生活？”

我记得回答之前我思考了一下：“因为很多人都困在庸常的生活中。我知道我给他们提供的策略很好，但并不是所有人都应用了它们。我不希望自己最后成为销售人员或电视购物促销员，更不想成为那种只希望把书卖出去的人。我希望开拓他们的视野，让他们利用我的发现去看到新的生活方式。归根结底，我希望给我的家人留下一笔值得他们骄傲的财富。”

乔回答说：“这很棒。现在我要说的是，开始时我问你为什么聘请我，你说这有助于你的学生变得更投入。接下来当我问你这件事为什么很重要的时候，你说你希望给自己的家人留下一笔财富。它们都是不错的理由，也是很好的答案。但是，迪安，为什么创造一笔可以传下去的财富对你来说很重要呢？”

在回答之前，我再度思考了一会儿：“因为在这个行业里，很多人写的和教的都是垃圾，我希望为此设定新标准。我希望设定一个很高的标准，这样其他人要么可以留下来，要么会被淘汰出去。不过不要误会我，我欣赏这个行业里的优秀人才。我最亲爱的一些朋友和老师，例如托尼·罗宾斯、韦恩·戴尔、埃克哈特·托利、布兰登·伯查德、戴维·巴赫以及其他许多人，都给我的生活及这类行业里的其他许多人带去了极大的积极影响。如果没有他们和其他不可思议的影响，我就不会是现在的我。但我们都知道这个行业里还是有大量垃圾存在。我希望那些人要么提高他们的能力，要么就此退出这个行业。”当我分享这些见解的时候，我甚至不确定这些话是怎么说出来的，但我对自己的“为什么”问题挖掘得更加深入了。

接着他对我说：“迪安，这很棒。我问你为什么聘请我，你说你需要深入下去，给学员提供更多帮助。我又问你这为什么很重要，你告诉我你希望创造一笔让自己和家人都感到骄傲的财富。接着我又问你为什么这很重要，你说你希望提高这个行业的标准。这些答案都很了不起。”

而当时我没有意识到的是，这些都是很好、很真实的答案，它们都来自我的头脑。在他又问了我一个同样的问题之后，我继续给出了来自我头脑里的经过深思熟虑的答案，但我还是没有接近真正的“为什么”。

现在，我们只剩下三个问题了，他针对我对前一个问题的回答——我已忘了答案是什么——又问了一遍：“为什么这很重要呢？”

接下来从我嘴里说出的话让我自己都感到震惊。我说：“我再也不想回到过去了。”不知为何我变得激动起来。现在看来，我发现，在问了自己 7 遍“为什么”之后，最重要的事情在于你不再从头脑中找寻答案，而是转而从自己的内心和灵魂中寻找答案。我可以感觉到我的心在说话。我记得那时我改变了坐姿，说话的语气也变了，因为在生理上，我的身体产生了不同的感觉。我努力克制自己，不让眼泪流出来，因为我的员工还在看着我。接着，乔——这是我们第一次见面——在距我只有一英尺的地方直视我的眼睛，问道：“为什么不想回到过去对你来说很重要？”

我的意思，也就是我的内心想要表达的是：我知道破产和在没有钱的情况下长大是什么感觉，我知道穿旧衣服是什么感觉，我知道冰箱里没有吃的是什么感觉，我知道小时候无家可归是什么感觉——因为我曾经和我的父亲经历过这一切。11 岁时，我开始和父亲住在一起，我们在一间小小的浴室里生活和睡觉，父亲打算修缮那栋破败的房子。那里没有暖气，狭小的浴室相对暖和一点，因此我们就睡在那里。在纽约北部生活的那段时期，我们经历了几个寒冬。我们有一个电暖器，于是我们拆掉浴室的门把手，将电线穿过去，给电暖器插上电源，再把一个小床垫拖到浴室，睡在上面。父亲开着一辆没有空调的汽车送我去上学，车门是用绳子拴上的。我记得那时我会让父亲在路口把我放下，这样就不会有人发现我们有多穷了。我一直处在一种充满不安全感和不满足感的状态下，而我再也不想回到那里。

这就是我的故事，我并不是说你和其他人的经历不会比我更糟。但我记得在我帮助母亲退休之前，她正在苦苦挣扎。我也记得在我帮助父亲退休之前，他一直在竭力维持生计。我记得那种无法帮助他人甚至自己的感觉。我清楚地知道，我再也不想回到小时候。

在我解释了这一切之后，乔发现我变得激动起来。当时我心想："天哪，我找到我的'为什么'了！"但我还要回答两个问题。乔看着我，对我说："迪安，你为什么不想回到过去？"

那一刻我忍不住哭了出来，眼泪顺着我的脸庞流下来。我首先想到的是我的孩子。我说："我想我知道为什么了，我希望给我的孩子们一些我小时候所没有的选择和机会。"

我希望我的女儿和儿子能够选择他们的生活目标，并且有能力成为最好的自己。我希望他们在生活中不会为了缺钱而担忧。我希望他们知道自己有财务保障，这样的话，无论他们是想当老师、成为宇航员、加入摇滚乐队、教瑜伽还是做其他事情，他们都可以去做。我希望他们拥有我在成长时从未有过的自由。我不是说我想培养两个纨绔子弟。我努力工作，就是为了确保这种情况永远不会发生。我的意思是我希望给他们选择，让他们成为自己想成为的人，而不是宠溺他们，以致他们无须做任何选择。我越想越激动，对乔说："我知道我的‘为什么’到底是什么了！是我的孩子。”

但是他却说：“我敢打赌，在你有孩子之前，你已经非常努力了。对吗，迪安？”他说得没错，我还要回答一个“为什么”。

“迪安，”他说，“谢谢你的分享，但我还是要问你：为什么让你的孩子有所选择很重要？”而我真正的“为什么”奇迹般地出现了。

我脱口而出：“我希望掌控生活。”

在那之前，我从来没有想过，也没有说过我想掌控什么。我从未感到这种激情贯穿全身并直击我的内心。就在那一刻，我认识到了我整个人生的意义。我终于发现为什么我希望更上一层楼，为什么我希望进军商界，为什么我十几岁的时候就开始砍柴和修理坏掉的汽车，为什么我曾敲开无数扇门并在20岁之前做成了我的第一笔房地产交易。现在这一切都说得通了。这都是因为我希望控制自己的生活。当然，我不想做控制狂，我只是想对自己的人生有所掌控。

要知道，我的父母总共结过9次婚。实际上，就在我这么说的时候，我的父亲和一位优秀的女士订了婚，因此这个数字很快就会变成10。此外，在我的成长过程中，我们经常搬家，19岁之前，我们曾经搬过20次家。在我的童年里，我总是会有新的兄弟姐妹和祖父母，我爱他们，但是不久我就会离开他们，在搬家这件事上我毫无发言权。我总是无法控制一切。有时我们可以找到我喜欢的房子，但是常常会因付不起房租而被赶出去。我会搬去奶奶家住，我喜欢那儿，但是不到一年我就得搬去别的地方，和新爸爸或新妈妈及新的兄弟姐妹住在一起，他们有的会因为我的到来而讨厌我。我要去新学校上学，结识新的朋友，然后不得不再次打包，搬去其他地方。

这第七个“为什么”是一种顿悟。我不希望任何人告诉我该穿什么衣服，该怎样生活，或者应该如何抚养我的孩子。我也不希望任何人告诉我可以在哪里吃饭，该如何工作，应该如何度过自己的时间或者可以赚多少钱。我希望控制我的生活，这样我才能做出那些赋予我力量的决定，给自己带来快乐，让自己充满活力！而就在那个时候，我发现我不希望任何人将这种控制力从我的生活中夺走。我终于找到了我真正的“为什么”，我的使命似乎从未变得如此清晰。

你最深层的“为什么”是什么

那么你呢？你希望完全掌控自己的生活并做出自己想要的决定吗？你当然会这么想，但上文说的都是我的故事以及我的“为什么”。我不知道你的“为什么”是什么——或许你还不知道，但我可以保证，你有必要找到它。当你经历了艰难的一天，当事情并不如意、新公司遭遇失败、人际关系出现问题或者当你的孩子让你感到失望时，能够推动你继续前进的是什么？是财务自由吗？这个答案不够深入。你需要找到你的“为什么”的根源。你为什么要读这本书？你为什么希望赚更多的钱？你为什么希望获得财富？驱动你的是更深层次的目标。

当找到答案时，你会发现一种永远不会让你偏离轨道的动力。我现在的生活、安全感和收入都让我感到幸福。但你认为我不会有艰难的时候吗？我当然有！我们每个人都会有，无论我们的财务保障水平如何。到最后，我的“为什么”都会引导并推动我渡过难关。当我处境艰难，甚至想要放弃的时候，我会想起我的“为什么”，我知道任何事物都没法让我放弃。因为我知道我永远不想回到过去，我知道我要给我的孩子应有的保障，我知道我可以掌控自己的生活。

7层深度思考练习是所有成功的基础，可能也是你能够养成的最为重要的百万富翁成功习惯。这是一项每年应该进行4次的练习。一旦你知道了自己的“为什么”，你将会用100种不同的方式激励自己去行动，而这将成为你的日常成功习惯。

7层深度思考练习的引导过程

我的生命中曾有这样一段时光，那时我每个月都要在某个场合登台演讲，年年如此。在那段时间里，我几乎在每次演讲中都要进行7层深度思考练习。我会从观众中随机选择某个人上来参与这项练习。至今我仍能记得每个人的故事，但此刻浮现在我脑海中并触及我内心的是这样一个故事。那位观众长得又高又帅，他留着一头脏辫，块头看上去几乎是我的两倍，拥抱我的时候，他差点把我提起来！

我让他坐下，把麦克风递给他，同时说道：“嘿，伙计，很高兴你能上台。”观众们安静地坐着、看着，期待着接下来要发生的事情。我问他：“你为什么要来这儿？你为什么要花钱来听这样一场演讲，学习如何让自己的人生更上一层楼？”

我记得他的第一个回答非常典型，好像是诸如“财务自由”之类的话。我当然继续问了为什么财务自由对他很重要。他的第二个答案真的十分深刻，而且非常精彩：“迪安，在我住的地方，很多父亲都不在家里。他们要么蹲监狱了，要么抛弃了自己的孩子。我正在努力想办法给那些孩子带去一些父亲般的影响。”噢，还有比这更好的“为什么”吗？这是一个很棒的理由，同时也是一个了不起的驱动因素。我是说，他怎么会没有动力和灵感呢！他参加那次活动只是为了让自己更加振奋，为了做得更快和赚得更多而获取相关的工具，然后将这一梦想付诸现实。

但是我的经验让我明白，我可以从他那里获得更深层次的答案，因此我问他为什么这对他十分重要。他接着给了我另一个很棒的答案。然后我问了他一次又一次，他的答案都很精彩，但它们均来自他的思考。接着到了最后一个问题，我看到他的整个身姿出现了变化。他的笑容消失，嘴唇开始颤抖，接着他的双手也抖了起来。吐露心声的时刻到了。他盯着我的眼睛说："迪安，我不相信我可以将这些分享给所有观众。我的母亲在多年前去世了，她死的时候，我还在吸毒。作为一个儿子，我觉得我彻底让她失望了。她是个好母亲，她含辛茹苦想要培养一个好孩子，然而她到死都没有看到。自她去世后，我戒了毒。我的头脑变得清醒起来，而且萌生了这项使命。"

他接着说："我要向已在天堂的母亲证明，她培养了一个了不起的儿子，我会给世界带来积极的影响。"台下的观众有的泪流满面，有的说不出话来，还有的跳起来热情鼓掌。他真正找到了自己的"为什么"！这是一个多么了不起的理由啊！这个目标将帮助他挺过人生中最艰难的日子。这个男人有他真正的"为什么"。他不仅知道自己现在的状态怎样，而且知道自己的目标是什么以及为什么要实现这个目标。

在给自己的行动赋予一个"为什么"的时候，你就能调动自己的情绪，在生活中锚定你的目标，使其成为你的灵魂和心灵的一部分，而不仅仅是一个善意的想法。试想，当上面说的这个男子度过了艰难的一天时，他会怎么与自己对话呢。他要说的应该不会是"我需要继续工作，因为我希望成为他人的榜样"。诚然，这是一个不错的理由，但它不足以推动他挺过最艰难的日子。他会这样告诉自己："我必须去办公室拼命工作，因为我希望天堂里美丽的母亲能看到她给这世界培养了一个了不起的儿子！”这是一个在情感上强有力的想法，不是吗？想想这个人的“为什么”会对他产生怎样的影响吧。接着再想一想你的“为什么”会如何影响你的人生。

现在轮到你了

我认为，和别人一同经历这个过程是非常关键的，尽管你可以自己这么做，但如果有同伴的话效果会更好。因为你已经很熟悉这项练习了，所以你可以首先引导对方回答 7 个“为什么”，接着再自己回答问题。找一个认真对待这项练习并且愿意写下你要求的分享内容的伙伴。你们可以从为什么要阅读本书开始。最初的问题是个引子。接着你们可以按照我提议的顺序提出 7 个“为什么”问题，并且每次都要引用前一个问题的答案。记住，你们一定要提问 7 次并回答 7 次，不是 5 次，也不是 9 次，而是 7 次。这项练习我已经做了许多年，每次都很有效。当我和观众们分享这个练习时，现场有一半的人最后都哭了，因为他们都清楚地认识到了自己为什么会来听讲座——也就是参加我的演讲会的深层原因。当完成这项练习时，你会发现自己为什么会阅读这本书，为什么想要更多，以及为什么希望释放你的全部潜力。

你若要想更轻松地完成这项练习，并且更清晰地了解它的操作方式，请即刻登录 www.thebetterlife.com 网站，点击“图书资源”（book resources）栏目，找到“7 层练习”（7 level）表格。此外，表 2-1 是我自己填好的 7 层深度思考练习表格，它更清晰地向你展示了这项练习完成后的样子。请注意自然演变的过程，特别是大脑思维向心灵分享的演进。

表 2-1　7 层深度思考练习

“为什么”（问题）	答　案
迪安，你为什么要写这本书？	为了帮助100万人找到更好的思维方法，让他们养成更好的成功习惯，从而改变他们的人生
为什么你想改变这么多人的人生？	因为服务和帮助他人让人感觉很好
为什么服务和帮助他人会让你的感觉很好？	因为这可以让一个坚持自身原则和价值观的企业变得更加成功
为什么经营一个坚持自己原则和价值观的企业对你来说很重要？	因为我希望给我的家人留下值得骄傲的财富
为什么给你的家人留下一笔财富对你来说很重要？	因为我不想回到过去，我讨厌儿时穷困潦倒的状态
你为什么再也不想回到过去？	因为我希望我的孩子长大后可以有自己的选择
为什么让孩子拥有你未曾有过的选择很重要？	因为我希望控制自己的人生。我希望按自己的意愿生活，自由选择

既然你已经读到了这里，那么你就得到了创造真正的富足和成功所需的最重要的习惯之一。

当认识到自己当下的状态、自己的目标及自己想要（和不想要）的东西时，你还要弄清一件事：如何实现目标？好消息是，我用了一整年的时间来打造这本书，它将告诉你如何去做并为你提供让你的人生更上一层楼的路线图。

第三章

内心的“反派”

和谁在一起的时候我们会感到更有活力？又是谁让我们感到更有精力、更有成就感和更加自信？为了有所进步，我们想与这样的人走得更近一些。但如你所见，事实上，我们的生活中总有一些有害的人在阻碍我们的进步。不妨将你的人生旅程想象为一列火车，车厢里有你的家人和你的密友。突然，你看到了一些有害的人在这个车厢里，他们正在打消你继续乘坐下去的动力。现在你该怎么做呢？你只能礼貌地让他们在下一站下车。我认为我们在生活中遇到的那些消极的、好胜的、善妒的人真的会耗尽我们的精力和自信心。

——阿里安娜·赫芬顿接受迪安·格拉齐奥西采访时所言

那么到底谁是你内心的“反派”呢？这种内心的“反派”会将自己伪装成许多不同的模样。但无论内心的“反派”呈现的是什么模样，它都存在于我们的内心。对我们大多数人来说，它就是我们的自我怀疑，是我们内心深处说着“你不可以这么做”或“到底什么让你觉得自己该这么做”的声音。在太多时候，它总是阻碍你采取正确的行动，使你无法让生活向着更好的方向发展。过去，这种来自内心的阻力说服了你，让你放弃追求那些能够令你舒心和帮助你达到人生下一个层次的东西。

我将其称为“反派”，因为它总是鬼鬼祟祟，心怀不轨。它潜藏在你的脑海深处，而你根本察觉不到它的存在。最糟糕的一点在于，在大多数情况下，你生活中那些看似无害的外部因素造就了这样一个内心的“反派”。我们很快就会谈到这些因素。或许你还没有意识到，而这个“反派”已经给你制造了一面玻璃天花板——一种对你的成就和你能成为什么样的人的人为限制。更糟糕的是，一旦你的心中有了这样一个“反派”，多种内部因素就会让它在你的心中扎下根来，逃脱不得。有时你可能想知道，为什么尽管你工作得更高效，生活节奏变得更快，而且比以往都更加努力，但还是无法让自己的人生更上一层楼？简单说来，这是因为有个“反派”一直在反对你，而你对此一无所知。好消息是：我们将一举揭穿它。

你在喂养哪头狼

我曾经听过这样一个寓言故事。一个纳瓦霍[①]（Navajo）老人给她的孙子讲了一个故事，大意是我们每个人的身体里都住着两头狼，它们总是相互打架。在故事的开头，奶奶让她的孙子坐下来，对他解释说："其中一头狼叫作嫉妒，它的灵魂充满妒意，它十分邪恶，总有一种不满的心态。对这头狼来说，世间一切都是错的、令人不悦的。它认为大多数人都是坏人，世间也没什么好事，整个世界冰冷一片。你可以想象得到，这头狼不会遇到任何好事，因为它是一头消极而悲观的动物，总是以负面心态来看待事情。"接着，老奶奶又对自己的孙子说："但你的身体里还住着另一头不一样的强大的狼。这头狼有同理心、爱心和同情心，也很乐观，它知道只要全心投入，自己就能做成任何事情。这头狼总是能够看到事物光明的一面，而且能乐观地看待事物。孩子，这头狼，这头强大的狼可以带你去往任何神奇的地方。"

接着孙子看着他的奶奶说："好的，那么奶奶，到底哪头狼打赢了呢？"

她回答道："你喂养的那头狼。孩子，你喂哪头，哪头就会赢。"

我很喜欢这个故事，因为它适用于我们每个人的人生。我们的身体里都住着一头大坏狼，也就是我所谓的"反派"，但这里同样还有一个等待被释放的英雄。在本章中，我将帮助你学习如何揭露潜藏于你内心的"反派"，发现它如何藏身于此，继而采取措施消灭它。因为在大多数情况下，一旦它消失，你在职业生涯和个人生活中取得的成就会比以往超乎想象地多。

① 纳瓦霍是美国印度安人面积最大的保留地，位于犹他州、新墨西哥州和亚利桑那州。纳瓦霍族人据估计有 30 万人。——编者注

唱反调的寄生虫

几年前，有个人去了南美洲某个第三世界国家为一项有意义的事业做志愿者，为那儿有需要的人提供帮助。结束这段感人的旅程之后，他心怀感激地回到美国，并且做好了大干一番的准备。然而回来后不久，他开始觉得自己迟滞不前，而且身体有些虚弱和不适。他已经 50 多岁了，觉得自己之所以这样是因为他正在衰老，他必须开始接受这个事实。因此在接下来的几个星期里，他停止了自己喜欢的活动。他不再和他的业余篮球队一起打球，也不去参加社区活动，而是开始尝试去理解这种有关自己正在衰老的新想法。

他没有意识到的是，在南美洲的丛林里帮助有需要的家庭时，他密切接触了一种危险的寄生虫。从那时起，这种寄生虫就侵入他的体内并生存下来。它们无时无刻不在抢夺他的营养，消耗他的精力，降低他的生活质量。对于自己体内有东西正在阻止他发挥全部潜能这件事，他一无所知。幸运的是，最终他去看了医生，发现了这种寄生虫并服用了合适的药物，最后寄生虫都被驱除了。于是这个人重新热爱起了生活。实际上，在这次经历之后，他对生活的热爱比以往更加深切了。由于对人生有了新的认识，现在他觉得自己无所不能！

我为什么要讲这样一个故事呢？因为我在本章前面提到的“反派”实际上就是一种寄生在你体内的寄生虫。只不过它并没有抢夺你的营养，也没有以你的身体为食物源泉，但它正在夺取你赢得的生活品质！它降低了你的自信心、你的快乐和你的灵感，最终会减弱你对生活的热情。因此，我要告诉你它是怎么形成的以及如何摧毁它，这么做其实轻而易举！阅读本章就像是去看医生，然后通过服用药物来摧毁那些让你错失良机的自我怀疑和消极声音。

如果我们无法立即将这个“反派”从你的身心系统中赶走，那么它将继续造成破坏。甚至更糟的是，它将继续侵蚀你的自信心。我们都知道，缺乏自信会阻碍你向着更好的方向前进。想一想，当你的自信心受到严重伤害时，你是否做出过勇敢的举动、完成过销售、进行过美好的会面、得到过升职或者开始过全新的事情？可能从来都没有。想一想你状态最好的时候，你完成过的最佳销售业绩或最完美的会面——它们全都发生在你自信满满并认为万事皆有可能的时候！找到内心有害的东西，然后把它们全都赶走，这样你才能重拾自信，而这只是开始。

在向你解释这个“反派”是怎么形成并一直留存在你的内心的时候，我也会向你传授一些策略，告诉你如何一点一滴地将它消灭。让我们现在就开始找出它，发现它的源头吧。

从过去长出来的“反派”

让我们从助长这种掠夺成功的寄生虫的外部因素之一开始，即观看、聆听和阅读新闻的行为。试想：在我们这一代人的成长环境中，我们的世界充斥着负面新闻。我们的大脑每时每刻都在被有关战争、匮乏、经济危机、灾害、恐怖袭击、凶杀、疾病和痛苦的新闻轰炸。

我发现，20 世纪 50 年代，《时代》杂志 90% 的封面涉及的都是积极的论调和内容。然而许多年之后，《时代》杂志发现，它报道的负面新闻越多，销量越好。实际上，它知道，负面新闻在吸引读者关注方面的有效性要比正面新闻高 30%。不仅如此，消极的头条新闻的平均点击率比积极的头条新闻高 63%。重视负面信息不仅仅是编辑团队的决策。负面内容反映了越来越多引发焦虑的全球事件，比如恐怖主义的抬头、生态灾难以及其他危机和灾害等。所有这些都让我们觉得事情变得越来越糟糕。

那么现在,《时代》杂志是唯一一家经历了这种变化并传播负面新闻的媒体吗？当然不是。和《时代》杂志一样，世界上的其他新闻媒体都必须赢利。它们如果只关注积极的一面，就无法获得想要的读者群和收益。现在，媒体已经形成了一种灾难反射反应——无论是对毁灭性的飓风还是城市暴乱，它们都会提供连篇累牍的报道，给人造成一种世界末日已然到来的印象。正如一名稍显悲观的新闻制作人曾经说过的那样：“有流血，就有看点。”

因此，我们每天吸收的信息大多是负面的。我们很难将注意力聚焦在积极的想法和更上一层楼的成功之上，因为每一次有转机的时候，我们总是会接收到有关这个世界注定要毁灭的信息。即使你是一个有着“想要成为主动应变的恒温计”心态的人，新闻也会给你带来消极影响，让你很快成为“被动的温度计”。消极思维压倒了我们大脑中的积极思维。加州大学洛杉矶分校的一项研究显示，普通人每天会产生大约 7 万个想法。这些想法中有 80% 都是消极的，而且大多数这样的想法会延续到第二天。根据我的阅读和观察，我认为吸收负面新闻是导致这个统计结果如此骇人的一个主要原因。

我知道，纵观历史，战争、经济困境和自然灾害总是时常发生。但这些信息在此前相当长的时间里从未如此容易获取。现在我们可以用惊人的速度从应用程序、手机、社交媒体或电视上获得它们。无论你是否愿意，它们都会给你造成影响。这是我们的一种潜意识：接收潜意识想要的信息。

这样一来，这种接二连三的消极影响让你内心“反派”的声音变得更强了。它激励的是这样的想法：“为什么你要在经济快崩溃的时候开办自己的企业？电影明星都纷纷离婚了，为什么你还觉得自己值得被爱？全世界的人都比以前更胖了，为什么你还觉得自己可以保持身材？”当你有意识或无意识地接收哪怕一部分此类负面新闻的时候，它就会慢慢地削弱你的信心，强化你保持原来的想法，却不会激励你实现你想要的目标。

为了扼杀“反派”的这一面，你可以采取以下做法：坚持30天新闻“节食”。我的建议是彻底断绝，也就是不看、不读新闻，也不要向你的朋友询问。相反，你可以利用这些时间和精力探索你的内心，花时间和你爱的人相处，或者做一做我们在本书中讨论到的那些能够赋予你更多能量的事情。你不妨花时间做一些可以让你获得自信，而不是失去信心的事情。我不知道这样的新闻“节食”法你能坚持多长时间，但还是请将你平时用于阅读新闻的时间用在自己身上吧。记住，阅读新闻不仅让你失去了一部分时间，而且会给你带来造成巨大伤害的破坏性后果。因此，现在就让自己投身30天不看新闻的挑战吧，写下你可以做的其他事情。也许你可以进行冥想、给自己做一些健康的食物或是去健身房锻炼，也许你可以为你的新创意或扩大当前业务的想法编制商业计划书，也许你可以紧接着阅读本书的剩余部分，也许你还可以和自己的孩子、伴侣或父母出去玩。无论你打算做什么，我认为这种给自己放个“新闻假”，然后从事其他活动的做法都会起到认知上的“净化”作用。它可以让你摆脱消极的阻力，向着积极的方向前进。

强化优点，而非弱点

当你将时间和精力用于自己不擅长的事情时，你内心的那个“反派”的声音就会变得更大。无疑，在你的一生中，人们总是教导你要克服自己的弱点，或者提高你在自己不擅长的领域里的技能。

毫无疑问，这或许是我们曾经听过的最大谎言。说到底，这些都会让你丧失信心。这种观点乍听起来可能有些疯狂，因为从很小的时候起，别人可能一直在对你说：“你的微积分不太好，因此你要多多学习微积分；你的历史也不太好，因此也要多看看历史。”然而，关注自己的弱点只会让你在潜意识里感到自卑。此外令人感到不安的是，这种关注会鼓励你忽视自己独特的能力和优点。

因此，尽管你可能并不认同我的说法，但我还是希望你很快能这样说：“让我的弱点见鬼去吧，我希望在我擅长的事情上做得更好！”

很多人都在践行这种提高自己的弱点的错误理念，他们中有教师、父母、管理者及其他权威角色。这是一个出发点很好却有问题的理念，它曾一度阻止我追求自己一直梦想的生活。我被我所厌恶的盲目自满的生活给害苦了。

在我们的社会规则之下，我应该是成功不了的。我几乎没念过高中，十年级之前，我接受的一直是特殊教育，我没有钱，没有导师，我也不认识任何一个有钱人。我知道，按照今天读书就能成功的标准来看，我根本就不够聪慧。而且，有件事几乎宣布了我要在自我怀疑和平庸中度过一生，那就是人们总是告诉我要克服自己的弱点。

大约十年前，我写了我的第一本书，名为《完全满足》(*Totally Fulfilled*)。我最初打算写这本书的唯一理由，在于我希望分享自己帮助他人的热情。正如你可能已经发现的那样，我的写作方式就是我的说话方式。在大多数情况下，这些文字在语法和结构上都不够完美，有时还会跑题，但它们却能够让我快速且引人入胜地传递我想要分享的信息和观点。我知道我有能力简单直白地传授有效策略，激励人们采取行动，只有这样他们才能改变甚或超越他们的环境。当然，我绝对不是英语专业的。

当我坐下来写我的第一本书时，有关我缺乏写作技巧的种种想法充斥着我的大脑。我开始产生这样的想法："你连高中都没毕业，怎么可能写得出书来？"又或者，我告诉自己："你的注意力缺陷障碍（ADD）不会让你保持长时间的专注，这根本不可能。"但我的信念促使我走了下去，因为我希望向这个世界传达一些信息。于是我写了自己的第一本书。其间我并非没有遇到过困难和自我怀疑，但我挺了过来。完成文稿之后，我知道我需要一位编辑来帮我审一遍全稿，删改写得杂乱的部分。我很清楚，这是因为我缺乏正规的语法和写作教育。随后，我找到了一位编辑，有人告诉我她是全美最优秀的编辑，于是我乘飞机去见她。我们的会面很愉快，我阐述了我的愿望和热情，以及我知道自己的手稿需要一些整理工作。我将这项任务留给了她，而且信誓旦旦地以为可以拿回手稿并出版这本书，我为此兴奋不已。然而两天之后，我接到了她的电话，我至今还记得她对我说："迪安，这不是一本书，这只是一段 200 页的对话。你需要的不是编辑，而是重新写一遍。"

我备受打击。我记得我挂了电话，然后任由过去那些消极的想法决堤般地涌入我的脑海。那些想法之所以回来得这么快——就像阅读本书的许多人经历的一样，是因为我在人生中的大部分时间里都被教导要克服自己的弱点。我的潜意识试图让我相信自己没有能力忽视弱点。我立即回忆起上学时老师对我的批评，以非常消极的方式反思它们并开始对自己说："我应该在语法和拼写方面做得更好一些，弄明白怎么加标点符号，做一些好作家该做的事！你以为你是谁，迪安？这样你就觉得自己可以写书了？"我的消极、失败主义的心理在我的脑海中翻腾，我的自信心一度被摧毁了，我的动力消失了。内心那个“反派”变得越发强大，我用了差不多 24 个小时来痛斥自己，只因为我在写书前没有花时间改正我的弱点。

幸运的是，大约 48 小时后，我的想法改变了，我记得我是这样想的：“停下！看看你对自己说了些什么！你是认真的吗？我不是经过训练的写作者，但我传递的信息是有力的，我必须和全世界分享它。我知道我的内容可以改变人们的生活。谁会在乎我的语法，或者说我的书看起来像是 200 页的对话呢？”次日，我给那位编辑打了电话，告诉她：“我尊重你的意见，但我不再需要你的服务了。你被炒了。”好吧，我不确定我是不是说了“你被炒了”这句话，但我愿意这么想。

很快我就找了其他人来编辑这本书，我让他们坐下来，对他们说：“请帮我一个忙，让这本书有可读性，但尽量保证我的文字的完整性。不要改动我的风格或我要传达的信息，只修改拼写和语法错误就可以。我不希望这本书读起来像是别人写的，因为它代表了我自己。这就是我。人们可以选择接受或不接受这本书，但它必须是我的风格。”

这是我出版的第一本书，面世几周内它就成了《纽约时报》畅销书。能够写出这样一本书，我真的感到十分荣幸，但说到底，谁在乎这是不是《纽约时报》畅销书呢？让我们诚实一些。我最为自豪的地方在于，这本书改变了许许多多人的生活。还有什么比这更高的成就吗？

但如果我没有写它呢？如果在第一位编辑认为我的手稿令人尴尬之后，我就告诉自己“伙计，你成不了作家！你本该克服自己的缺点，然而你并没有”，又会怎样呢？我知道，那样的话，我今天的生活肯定是完全不同的面貌！而且你肯定读不到我的第六本书！我的脑海里涌现了太多这样的可能，幸运的是，我永远不会知道它们中有多少会成为现实，因为我没有为了克服自己的弱点而妥协。相反，我让自己聚焦于那些能够通过我传递的信息而改变其人生的人。

在过去的岁月里，仅仅因为自己或别人指出的你的缺点而质疑自己，这让你错过了多少机会？当你思考这个问题时，你也可以想想这个真理：发挥你的长处将有助于你克服任何你认为是缺点的东西。

人各有所长

内德·哈洛韦尔是我的一位好友，他是美国最优秀的医生之一，也是注意力缺陷障碍方面的专家。你可能在《菲尔博士》（*Dr. Phill*）或《奥普拉脱口秀》（*The Oprah Winfrey*）等节目上多次看到过内德。实际上，奥普拉称他为世界第一注意力缺陷障碍专家。内德毕业于哈佛大学，现在也是该校的教授。一天，我和内德共进午餐，因为我从小到大一直认为自己有注意力缺陷障碍。我问道："内德，注意力缺陷障碍到底是什么？"他用简单的方式做了描述，将他丰富的专业知识转换成了我可以理解的语言。

他说："人们没有意识到注意力缺陷障碍其实是一种恩赐。拥有它就像安上了法拉利汽车的引擎，但不幸的是，你的刹车却是自行车的配置。你拥有各种能量以及最快的引擎，但是不知道该如何放慢速度。于是我指导儿童和成人如何控制他们的'刹车'。接受我的指导后，他们会比其他人成长得更快。"

我接着问："那么为何你在治疗儿童和成人的注意力缺陷障碍方面如此成功，而且在大多数情况下可以让他们停止服药？"

他回答道："让我给你举个例子吧。当一个患上注意力缺陷障碍的孩子坐在教室里试图读书时，他的脚会拍打地面，注意力也会游移，而事实是他可能真的不想读那本书。对于任何患有注意力缺陷障碍的孩子来说，阅读一本自己一点都不感兴趣的书要比其他孩子更难。而在大多数情况下，那些希望自己的学生有最好表现的老师会这么想：‘约翰尼要坐在那把椅子上，在读完那本书之前不能起身。我要教会他如何坐着不动，像其他孩子一样读书。’老师让约翰尼坐在椅子上，当他再也无法忍受的时候，他就站了起来，或者在教室里跑来跑去，或者走进大厅，或者站起来做读书之外的其他任何事情。现在，他不仅有注意力缺陷障碍，而且有多动症。不幸的是，这是一种自我实现式的诊断。

“我所做的是找到约翰尼擅长的事情，无论是艺术、棒球、数学、科学，还是其他什么。每个人都有擅长的事情，哪怕这样的事情并不多，我们会去挖掘并找到它。我们让他的老师、朋友及他的家长参与进来，共同帮助约翰尼找到他做得不错的事情并帮助他变得更擅长于此。当他在某件事情上做得很棒的时候，他的自信心就会暴涨，继而融入他的生活的方方面面。让时间快进到几个月之后，你会突然发现，坐在同一间教室里的约翰尼开始读书了，而且是因为他想读。”

对此你是否能联想到什么？你是否也有弱点？你是否曾经让它限定了你，贬低了你真正的价值或者让你感到自卑？如果事实真是这样，那么你是否明白它如何助长了你内心的那个掠夺成功的“反派”？你是否知道为什么现在必须阻止它？

上学时，我曾经经历过哈洛韦尔医生在例子中假想的这个孩子的挣扎。在我上学的头几年，没有人能看到我做得好的事情及我的天赋。他们只看得到我不会做和做不好的事。那时的我很害羞，没有安全感，而且真的常常因此觉得自己愚蠢。然而，他们并没有意识到我具有惊人的视觉和听觉学习能力，而我也不确定自己是否意识到了。

看别人开 15 分钟推土机，我就可以跳上去像专业驾驶员一样开动它；我可以看着舞台上的人，然后轻松模仿他们的表演。通过这两种感觉，我能够吸收他人花费多年才能习得的知识和技能。我可以很快上手，而且完成得也很快，但在成长过程中，我还是被一而再再而三地告知要克服自己的弱点，而这几乎给我的学习能力和职业生涯造成了严重的影响。

许多成年人无意间剥夺了他们孩子的自信心和能力，因为他们总是坚持让孩子克服自己的缺点。事实却是，当别人教导我们去做自己不擅长的事情时，这会让我们不断地挣扎，同时削弱我们的自信心。

对我们来说，要想让我们的弱点“见鬼”去，并且确保它不会像对世界上无数人那样阻碍我们取得成功，办法只有一个，与大多数人在谈到弱点时的建议完全相反，那就是：“别管它！”

将你擅长的事情做到最好

无疑，你擅长某些事情。我敢说在很多方面，就算你做得没那么棒，也可以说做得很好了。现在，请停下来花一点时间，写下你做得好的事情。你可以在 www.thebetterlife.com 网站的“图书资源”栏目下找到名为“做到最好”（get amazing）的表格并如实填写。你是否擅长沟通、销售或保持真诚？你是否擅长结交朋友？你是否是一个好的倾听者？你是否善于进行组织结构管理？你是否擅长系统开发或计算机编程？而我知道的是：你拥有自己的天赋，你有自己独特的能力。至于你为什么会擅长某些事情，我无法给出正确的解释——反正你有自己擅长的事。而你的成功取决于你是否能够专注地将你已经擅长的事情做到最好。

当我们被告知要做自己天生做不好的事情时，我们常常专注于我们不擅长的那 10% 的事情，反而忽略了剩下的 90%，而那 90% 的事情无疑是你擅长的。还记得之前那两头狼的故事吗？还记得你喂养的那头狼如何成为最终获胜的狼吗？你如果将精力和努力全都用在你不喜欢的事情上，就不可避免地会失去自信和走向成功的动力。你若将精力和焦点都放在自己擅长的事情上并将其做得很好，就可以花钱请别人来做你不擅长的那些事。这一策略不仅有助于你增加账户里的存款，而且可以改善你生活的方方面面。

因此，在创建了你的“擅长事项”清单之后，请在每一项旁边写下提高这些技能并让它们变得更加了不起的方法。在做这项练习时，请不要思考你的弱点。你很快就会意识到，你如果可以将所有的注意力、精力、时间及努力都用在你擅长的事情上，就可以克服那些你没什么天赋的事情。与在你觉得困难的事情上苦苦挣扎多年最终达到平均水平相比，将你擅长的事情做到最好更有价值。你如果希望取得财务上的成功或者想获得真正的财富，那么请养成专注于自己所擅长的事情的习惯。

为了在你的生活中强化这种思维方式和成功习惯，我觉得你会乐于听听这样一个故事。几年前，我举办了一次有 12 个成员参加的小型圆桌头脑风暴活动，团队里有一个很棒的成员，名叫汤姆。我向汤姆传授了房地产投资技巧，帮助他丰富自己的投资组合，为自己创造长期财富。他那时 60 岁，刚刚退休，而就在那个阶段，他完成了 4 笔房地产交易。我记得汤姆告诉我，每笔交易的利润大约是 15 000 美元，这非常了不起！当时，我环绕房间，问了每个人这样一个问题：“是什么阻止你更上一层楼？让你无法做得更快、获益更多的最大障碍是什么？”

汤姆是这样回答我的："迪安，我必须告诉你，你不知道我是个没有条理、乱糟糟的人。我可以清理我的汽车，但一周之后它就变得一团糟了。我的家庭办公室里到处都是发票和文件。我太没条理了。这就是我打算解决的问题。在我没去办公用品店 Office Max 买回一个文件柜并建好归档系统之前，我绝对不会再做另一笔房地产交易。我打算给所有文件都贴上标签并创建一个有条理的系统。"

他回答后，我问："你说完了吗，汤姆？"

他说："是的，这就是我的想法。"

然后我回答道："坦白地说，汤姆，这一切都太晚了——你会一直这么乱糟糟、没条理下去，但这又怎样呢？"由于我没有理会他自认的弱点，所以他感到相当震惊。他一声不响地坐在那儿。我认为别人可能会觉得我的做法非常无礼。但过了一会儿——这段时间过得如此缓慢，以至让人觉得过了好几个小时，我看到汤姆放下了肩头 60 年来千斤重的负担。有那么一瞬间，我以为他要崩溃大哭。我说道："汤姆，不久之前你还从来没做过房地产生意，但现在你做了一份很不一样的工作，已经完成了 4 笔交易。你很擅长做别人做不了的交易，你可以找人修缮房屋，然后将它卖出去获利。因此，你应该将你的时间都用在这件事上并把它做得更好。谁会在乎你到底有没有条理呢？只要你一年可以多做成一笔交易，就可以花钱雇兼职人员来帮你整理办公室！这样你再也不会担心自己没有条理了。"

汤姆沉默了一会儿，他的思维像仓鼠轮一般转动着。我想他很可能想起他的某个老师、家长或伴侣曾对他说："你总是乱糟糟的。你最好学着变得有条理一些！"他坐在那里，想着多年来的那些不良建议，接着它们渐渐消散了，而他也将注意力从自己的弱点转移到了优点之上。

你也可以完全照做。让你止步不前的弱点是什么？人们告诉你必须改进什么？因为所谓的弱点，你对自己产生了怎样的错误认知？为了在人生中取得更大的成功，你要回答这些问题，养成把擅长的事情做到最好的成功习惯，用匕首刺穿内心那个“反派”的心脏（也许这并不致命，但至少可以沉重打击这个坏蛋）。

坏主意的代价

那么，世界上代价最大的建议是什么呢？当然是坏主意。让我来问问你：你是否有过一些自认为能够改变世界并赚到钱的发明、想法、观点或作品？然后，你将它们告诉了你的家人、朋友或其他关系亲密的人，但他们却给了你他们认为不可行的理由。

也许他们说过类似这样的话：“搞发明需要钱，但你又没钱，而且别人很可能已经这么想过了。你必须申请专利，但你又没时间这么做。哦，你是想让它上电视吗？不过上电视要花好多钱，再说它绝不会有用的。”也许他们的建议足以让你打消自己的念头。然而若干年之后，你会发现你原来的那个想法正在改变世界，而别人也因此赚到了许多钱。是什么剥夺了你在那个方面的经验？又是什么劫持了本该属于你的发明和机遇，以及你的经验？这么做的不是别的，就是那些坏主意。你看，我们常会从某个单身朋友那里得到如何处理亲密关系的建议；同时，我们那些自己已经破产的朋友会对我们该如何赚钱指手画脚。这就是为何坏主意是世界上代价最大的建议，因为我们在向不合适的人学习。你是愿意和吉米·亨德里克斯[①]学唱歌剧，还是想

① 吉米·亨德里克斯（1942—1970），美国著名音乐人，被誉为摇滚乐史上最伟大的电吉他演奏者。——译者注

和勒布朗·詹姆斯[①]学习如何踢橄榄球？你一定都不愿意，因为在上述特定领域中，听从他们的建议并不合适。

最后，坏主意会助长我们内心的那个“反派”，而这同样令人不安，因为它会鼓励我们“保守”行事。我所说的“保守”指的是它会阻止我们采取行动或承受一定的风险，而这些行动和风险原本可以帮助我们实现人生梦想。这种破坏我们梦想的建议总是源源不断地向我们袭来。更糟糕的是，我们的家人和朋友还为它们裹上了爱的外衣。

这是因为你的爸爸妈妈希望保护你避免失败；这是因为你的配偶担心你的变化可能会给你们的关系造成负面影响；这是因为你的同事觉得你可能会超过他，或是你的老板担心你的权力过大；这是因为你的朋友曾经在感情中受过伤，所以希望保护你免遭同样的痛苦；这是因为你的亲戚经历过破产，他希望你不要创业，这样你就不会像他一样摔得那么惨了。在某些情况下，有的人可能会不怀好意地坏你的事，但大多数人真心觉得自己是在保护或拯救你。然而，他们实际上却助长了“反派”，让你自我怀疑，削弱自信心，同时让你保持现状。

因此我们必须养成习惯，有意识地留意每时每刻都会产生的坏主意，同时形成过滤机制，抵御它们的入侵。当有人向我们灌输坏主意时，我们可以假装欢笑，但我们必须立即将这些建议丢进我们内心的垃圾桶。坏主意会给你的生活制造痛苦或让你付出高昂的代价，对此我毫不怀疑。请别担心，你并不孤单，不过是时候阻止这种消极的思维并让自己在未来不被这些建议干扰了。

这里有一个有关坏主意的警世小故事，当然它也很幽默。几年前，在某次巡回售书之旅中，我和我的一群学员讨论起了为什么他们

---

① 勒布朗·詹姆斯是美国知名篮球运动员，目前效力于洛杉矶湖人队。——译者注

还没有达到自己想要的成功。

在每个人分享自己想法的过程中，我发现他们的故事都有一个共同点——阻碍他们发展的并不是知识、经验或资金的不足，相反，他们每个人都从某些人那里得到了一大堆坏主意，而这剥夺了他们付诸行动的勇气。这种坏主意来自他们的配偶、父母或同事，而这扼杀了他们的能动性。

因此，在离开这群学员之后，我登上飞机，飞回了我在亚利桑那州凤凰城的办公室。飞机一落地，我就给我的团队打去电话：“伙计们，赶紧把摄影棚准备好。我要为我的新书录一段宣传片，我等不及了，因为我现在很兴奋。”

我必须承认，因为所有人都在用善意却具有破坏性的建议剥夺我的学员进步的自由，我深受刺激。我一抵达影棚就立即穿上一件运动夹克，打上领带（而我下半身还穿着运动短裤和运动鞋，但它们被我面前的桌子挡住了），开始录制视频。从那时起，我完成了我第一个直面镜头的宣传片，它没有主持人，没有播音员，也没有华丽的图像，只有我一个人对着镜头说了半个小时，并在其中多次向观众展示我的书。

但是，我制作这个宣传片纯粹是出于激情，我没有为此做任何笔记，也没有准备脚本。除了服务他人、帮助他人之外，我没有其他想法。我当时是怎么想的呢？坏主意正在扼杀我的学员们的自信、幸福以及让人生更上一层楼的能力。因此在录制宣传片的时候，我发现自己说了一些本不打算说的话，但它们在那一刻全都涌了出来。我看着镜头说道：“我真的希望你们都能听我一句。你们不能听从那些在你们想做的事情上有过失败经历的人的建议。”你们或许认为自己可以吸取他们的教训，但在大多数情况下，你们并不能学到什么！他们只知道做不好的方法，他们给你的任何建议都有问题。例如，我的父母反反复复结过9次婚。我深爱他们，而且他们现在都有着非常紧密的夫妻关系，但是在我的成长过程中，他们并不擅长经营婚姻。如果我想寻求亲密关系或婚姻上的建议，我会找那些已经延续了30或50年夫妻关系的伴侣——那些彼此亲密无间、充满激情，同时深爱对方的伴侣，而不会去找那些这辈子一直在不断恋爱和分手的人。我说到做到，因为事实就是这样。我还要强调的是，我深爱我的父母，我并不想贬低他们之前经历过的许多艰难时刻，但这就是事实，向他们征询有关婚姻的建议就好比向伯纳德·麦道夫[①]讨教道德问题一样。

重点在下面！在录完宣传片之后，我彻底忘了我在一时冲动之下提到了我的父母。这段视频成了我录过的最成功的宣传片，并在国家级电视台日复一日地播放了一年多。节目播出大约三个月后，我的母亲打电话给我。我拿起电话，只听她问道："你真的这么说了？"

我说："怎么了，妈妈？"

"你真的这么说了？"她又问了一遍，"你一定要告诉全国人你妈结过5次婚吗？这事我们家好多人都不知道！"还好，她说这话时带着笑意，因为她从中看到了可笑的地方。

当然我道了歉，接着向她解释我是即兴发挥，而且没有脚本。在这通电话里，我们还讨论了她在人生中得到的一些坏主意以及她为此付出的巨大代价。更棒的是，两天后，我买了一辆新车给她以表歉意。

花时间过滤你得到的所有建议，看看分享它们的人是否有资格提出建议。如果你想得到如何打网球的指导，那么你应该向专业网球教

① 伯纳德·麦道夫是美国纳斯达克股票市场公司前董事会主席，美国历史上最大"庞氏骗局"的主导人物。——译者注

练取经，或向懂得如何培训专业运动员的其他教练员请教，而不是去找你那从来没打过网球却虔诚地在电视机前观看网球比赛的埃德娜姨妈。

在 www.thebetterlife.com 网站的“图书资源”栏目下，你可以找到坏主意备忘表。你可以在表上写下这些年来你听到的所有坏主意、那些考虑不周的警告和指导以及那些让你付出最为惨痛代价的建议，并且写下它们让你付出的代价。在看到有关你听到的这些坏主意的正式描述时，你就会明白，你不能再让别人那些不够格的建议来引导你的人生方向了。你要养成这个忽略坏主意的新习惯，从够格的人那里获得好的建议，削弱你内心的“反派”，让你的自信达到新的高度。

做别人都在做的事情

我们在还是孩子的时候就被教导要保持一致，做到和别人一样。我们被教导要获得优秀的成绩，随大众，做时下热门的事情，上高中，上大学，然后找工作，开始交养老金，存钱，最好在退休时能有足够的钱过完余生。我们被教导不要越界，因为如果我们越界，那么每个人都会认为我们很可笑。

关于这种传统的人生道路，我有一个问题要问你：在高中或大学时期，你对自己的人生充满激情或梦想吗？如果你像大多数人一样，那么你可能会在毕业典礼上将学位帽抛向空中，并且认为这个世界都属于你。

然而这种情形最诡异的地方在于：在很多情况下，如果你听从自己的激情，而它们并不符合你的朋友和社会的喜好以及父母对你的期望，那么人们就会搂着你说：“嘿，是不是该长大了？是不是要负起责任来了？”我们用某种方式创造了这个世界，在这里，我们认为负责任就是做别人都在做的事情，我们强迫自己投入那些能让其他人快乐却无法滋养我们自己灵魂的事情。

你的父母和朋友并非有意伤害你，而是自认为在保护你。毫无疑问，他们对你有很大的影响，能够让你按照常规或他们的期望行事。当你放弃梦想，变得容易满足的时候，这些对你颇有影响力的人将为你成熟的态度而感到骄傲。

真的是这样吗？我放弃了自己的梦想，成了一个闷闷不乐、循规蹈矩的人，而你却为我感到高兴？这听上去实在不可思议，然而这样的事情每天都在发生，或许你就遇到过。在这里我没有任何不敬的意思。你们中的很多人多年前只是将工作当作一件“临时”的事情，而现在你却在日常生活中随波逐流。如果这就让你满意了，那么你不会有更多追求。当然这也没什么大不了，因为无论你的情况如何，现在的你都在阅读本书。而你之所以这么做，是有一定原因的，我希望无论你为何读这本书，它都可以激发你的热情。你很明白自己喜欢什么，不喜欢什么。你知道什么能够点燃你的激情，什么会让你灰心丧气。因此，现在是时候停止随大众，转而听从自己的内心了。

在走上其他人都在追寻的道路时，你只能实现别人曾经实现的成就。而我容许你忘记所有准则，忘记别人强加给你的所有要求，忘记社会告诉你的那些是非对错。做你自己，做让你快乐的事情。我的意思不是说让你明天就出门，然后放弃你现在做的任何事情。我的意思是，从现在开始了解你真正的价值，认识到你可以向着自己选择的方向发展。

美国之所以伟大，是因为有远见和前瞻性的企业家们从来不会循规蹈矩，他们可以跳出思维的局限。而让这个国家或任何国家繁荣昌盛的，正是如你一般愿意听从自己内心、发挥自己的全部潜能并有所创新的人们。你并不缺乏找到适合自己的发展道路的勇气。成功人士自有一套区别于他人的准则和成功习惯，而且他们从来不墨守成规或自甘平庸。

如果你不在意别人的想法，那么今天的你会有什么改变呢？如果你真的听从你的内心、你的梦想或你的愿望，那么你会向着什么方向前进呢？请想想那些能够让你会心微笑的事情并把它们写下来。要想在生活的任何一个领域有所改变，你必须从迈出第一步开始。这第一步可以是立即把这些事情大声说出来或写下来，就是现在！当你的行动与你内心的想法保持一致时，你就会树立信心，而疑虑也会就此消失。

开始改变总是困难的，这里有一项练习可以为你提供一些动力。在一张纸的中央画一条竖线：在线的左侧写下“人生中再也不想接受的事情”，在线的右侧写下“现在必须出现在我的人生中的事情”。根据你的内心或灵魂深处的想法列举出这两类事情，不要试图按照你认为应该的作答方式来填写，而要真心诚意地深入挖掘你的想法。然后，你在这两列中圈出前两个或前三个项目。在大多数情况下，你会发现它们之间的差异。你会因为不可接受的事情以及必须出现的事情之间的差距而感到惊讶。为了弥合这样的差距，你会产生改变的动力——一种发自你的内心和大脑的动力。

内心的外在反映

我们每天都会接收成千上万条影响我们的外部输入信息。无论它们是否会助长内心的“反派”或赋予我们能量，它们都会源源不断地向我们涌来。从老师的教导、家长的教诲到新闻报道，接二连三的信息总是无休无止，又是那么地无情。无论你内心的“反派”从何处汲取能量，这样的影响都会持续一生：你的自信会严重受损，你的人生最终会止步不前或变得更糟。请留意那些你必须保护自己免受其影响的外部因素，或者调整你自己接收它们的方式，因为它们最终会操控你。我是说它们最终不仅会控制你的决定，也会控制你走路、说话或坐立的方式。让我通过一个故事来说明这些来自外部的输入信息如何影响我们的身体状态。

想象你坐在一个有户外桌椅的咖啡馆里，院子里有两个人分别坐在不同的桌子前。其中一个面无笑容、姿态不佳，服务员走过来问这个人：“请问我可以为您做点什么吗？”他用极其微弱的声音咕哝道：“不用，谢谢。”

你觉得他是个什么样的人呢？你觉得他在工作中的表现如何？他是老板还是级别较低的职员？你觉得他是一个怎样的父亲呢？又是一个怎样的爱人呢？你觉得他对生活有多少激情？他快乐吗？他喜欢自己的工作吗？他赚钱多吗？或者他的日子并不好过？仅凭我给你的描述，你大概就能得出结论，认为这个瘫坐在咖啡馆里的家伙日子并不好过。他的动作、姿态及样貌都散发出这样一种气质，往好了说是自我满足，往坏了说就是消沉。

那么让我们看看坐在几张桌子之外的另一个人吧。这个人坐得端正，面带微笑。当服务员端着他的午餐走来时，这个人说：“哇，这看起来很棒，谢谢。”他看了一眼服务员的姓名牌，说道：“谢谢你，杰西卡。”你觉得这个家伙怎么样？想想他表现出来的热情吧。我说的不是那种推销员式的俗气，而是那种充满安全感且自信的友好态度。此外，他似乎对自己很满意。你觉得他在工作上的表现如何？他是老板还是级别较低的职员？你觉得他是个怎样的父亲？他对生活怀有多大的热情？他很快乐吗？他喜欢他为了谋生而做的事情吗？他是赚到了很多钱，还是在为生活苦苦挣扎呢？

我相信你可以感受到这两个人的不同。那是因为你的潜意识比你的意识强大得多，而且它一直在后台运作。你的潜意识就好像一个硬盘，这一生你都在向它输入数据。当你产生直觉时，那是你的潜意识在对你说话。以咖啡馆里的这两个人为例，你的直觉在说：“我可以在半秒钟内认出这两个人来，因为这么多年来我一直在与人打交道。第一个人很可能心情沮丧或比较懒惰，或是受到了打击，而且他很可能在人生中没什么成就。而另一个人呢，他很可能是个能干的人，精力充沛、热情满满，是个人生赢家。”这和看封面判断一本书的内容不一样，这是在聆听自己的潜意识。

因此从你的潜意识和直觉来看，你认为你的外表对成功和幸福的重要性有多大呢？相当大！对第一个人来说，到底是他内心的“反派”伤他太深，并且由内而外地表现了出来，还是他的外表反过来深深影响了他，以至实际上助长了他的自我怀疑？这是一个先有鸡还是先有蛋的问题，但这并不重要。重要的是影响，而这种影响并不好。你在镜子里看到的是那个耷拉着肩膀、皱着眉、眼睛盯着自己鞋子的人吗？如果是这样，那么你的内心就有一个试图说服你并让你相信自己一文不名的“反派”。而你却将这个坏蛋的指控通过你的言行变成了自我实现的预言。

在接下来的几天里，你可以对自己和他人做一番观察。留意你和他人的言行。你会看到各种各样的姿势和风格，而潜意识会告诉你自己喜欢和排斥的是什么。

这个练习的重点不是让你成为别的人。你会看到某些大摇大摆的人——这些人走路像公鸡一样昂首阔步，但这种风格可能与你相距甚远，因此成为那样的人可能是一种愚蠢的想法。我的意思是，你可以花一点时间看看自己是如何向这个世界展示自己的。你不妨在一天中多次检查你的身姿，试着用能够表现出最好的你的方式去微笑、站立、说话和打手势。

假若上帝走进你目前所在的房间对你说："把椅子拉过来，告诉我你这一生都做了些什么？"你会怎么坐？你会挺直肩膀吗？你的眼睛是半睁着还是圆瞪着？你是在专心聆听还是只是在等待说话的机会？你可以在头脑中创建一个角色模型（上帝是个不错的选择，但其他人也可以），然后假装他一直看着你。你的身体特征不仅会成为一种习惯，而且会产生比你想象的更大的副作用。

你认为一个微笑价值几何？你或许不知道，有关微笑力量的研究数不胜数。而这让我十分惊讶！有空的时候，你可以试着搜索"微笑的作用"（effect of a smile）。我最近才发现，当你微笑时，你的大脑会说："我自认为压力很大，但也许我实际上并没有多大的压力，因为我还在微笑。"当你露出珍珠般洁白的牙齿时，压力马上就会减小。你的潜意识就是如此强大，它可以告诉你的大脑："嘿，我们都笑着呢！我们要快乐呀！"

科学研究证明，笑得多的人寿命也长，而且这么做真的可以降血压。你会因此交上更多更优秀的朋友，而且可以提高你的婚姻质量。一位医生收集了一组高中生的照片，对比了校刊上笑得最开心和最严肃的人。30 年后，他对这些人进行了研究，因为他想知道现在谁更快乐，谁更有钱，谁的人际关系更好，谁的寿命更长。结果校刊上微笑的人在上述各个方面都远远胜过了那些没有微笑的人。真是不可思议，不是吗？

如果一个简单的微笑就可以实现这一切，那么当你挺直腰板，昂首挺胸，说起话来充满活力和热情时会发生什么呢？如果你对自己喜欢的人来说是个积极的存在呢？哪怕你一开始只是装作这样，但很快你可能就会成为那个人想要交往的对象，因为你散发出了积极的能量。当你的外表变得更好的时候，你便能吸引相似的人走入你的生活，同时你自然会拒绝那些拖你后腿的人。是的，这种成功的习惯能够让你在生活中收获更多，当你照镜子的时候，它也会让你打起精神。不要小看这个成功习惯，不要让我们之前讨论的助长内心“反派”的那些外部因素影响你的身体状况。你就是一盏明灯，不要让任何事物使它暗淡下来。

选择你的说话方式

你有没有思考过别人对你说的话，抑或你对别人说了什么？你是否想过，这些话语是如何影响人们的生活的？语言既可以助长内心的“反派”，也可以不给它们生存的土壤，不受它们的伤害。在本节中，我希望你能注意到它们通过各种方式产生的影响。在不知不觉中，我们开始对某些语言产生了特定的感情，随着时间的流逝，这种感情将会改变我们的日常生活。

我们知道，如果有人说我们愚蠢、懒惰、丑陋、肥胖或没有希望，那他真的会伤害我们。但更糟糕的情况是，我们会将某种感情与这些话或每个字联系在一起。作为人类，我们会因为自己听到的话而感到悲伤、孤独、愤怒或产生其他情感。让我们面对这样的现实，这些充满感情色彩的话语将会长时间伴随我们左右，但它们必须这样吗？儿时的我们都听过这样的谚语：“棍棒和石头也许可以打断我的骨头，但闲言碎语从来伤害不了我。”是的，我们都听过这句话，但这很难让人接受。写作本书时，我的两个孩子一个 7 岁，一个 9 岁。我教他们的第一件事就是不要让别人的言行影响自己，除非你希望这样。虽然我已经在书里说了很多遍，但我希望你在阅读每一章的时候以及每天都问问自己：你到底想做积极应对的"恒温计"，还是被动的"温度计"？你是想为伤人的话而苦恼，让它们给你造成负面的生理变化（哭泣或压力引起的疾病等），还是希望生活在美好的状态下，不在乎别人说什么，因为你可以给自己制造欢乐和激情？

你完全可以选择不为那些带来负面情绪的话语所影响。如果那些一个月、一年、二十年之前的话依然困扰着你，那么赋予它们伤害力量的人就是你自己。你可以免受负面话语的伤害，何乐而不为呢？

我们要记住自己的内心住着一个"反派"，因为这样可以激励你。我们越让那些负面的、情绪化的言辞伤害自己，我们就越会增强内心"反派"的力量。结果，我们削弱自信心，对自我的怀疑越来越强烈，开始对世界形成负面的看法。我们很容易从富足思维瞬间走向贫乏思维。

如果你陷入了贫乏思维，那么这虽然并不意味着你是个可怕、消极的人，但确实代表着你的心理状态受到了损害。在状态不好的时候，你便很难去做最好的自己。

你可以试一试托尼·罗宾斯的这个练习，让那些可能会给你造成严重负面影响的话语失效。为了让观众看到人们是怎么给一连串字母赋予意义的，托尼会先说出"bum"（在英式英语口语里意为"屁股"）这个词，然后告诉他们这是他的一位英国朋友说的，对他们来说，这个词就相当于美国人的"butt"（在美式英语口语里意为"屁股"）。接着他停了下来，说道："如果我说的是'ass'[①]呢？有没有人会觉得不

① bum 和 butt 强调的是人的身体部位，并无负面含义，而 ass 表示"屁股"时通常是一种无礼的用法，有冒犯之意。——译者注

一样，感觉受到了冒犯？”接下来，他还会对其他人体隐私部位的表达进行同样的变化。你可以想象他对这些词所做的变化。当他用更加丰富的词语来形容同一个身体部位时，你会发现现场的观众变得局促不安或开怀大笑。托尼问道：“区别在哪儿？”我说的所有单词都是同一个意思，是你们给它赋予了不同的含义。

他说得太对了，观众立即心领神会。托尼使用了一些在别人看来是脏话的语言，但我喜欢这个例子，因为它反映了人们如何给某些词语赋予它们本不该有的意义。只有消极的语境才能给这些词语以力量。给它们力量的是你，而你也可以消除这种力量。

试着写下对你的人生产生巨大影响的几句话，比如“工作马虎”、“我对你失望”或“重做”。任何话都可以。你的任务是思考为什么这些话语会对你的人生造成如此巨大的影响，接着你要认识到是你自己给了它们制造严重的焦虑和其他负面情绪的力量。你要知道，它们不过是几句话而已，并没你想象的那么强大。

现在让我们从那些说给我们听的话的负面影响中跳出来，看看我们每天都在说的那些话的力量。想想当你对别人说“我压力好大，简直不堪重负”时发生了什么吧。一旦你开始说这样的话，它们就会触发你所说的情绪。甚至哪怕你原本没有压力，现在你也会感到压力，因为你是这么告诉你的潜意识的。这样的触发词每个人都有10~20个。

想象你接到一个电话，但沟通不太顺利，之后你说：“气死我了！”但那之后呢？你真的生气了并表示“我处理不了这件事”，很快你就被这些情绪困扰，一整天都陷在里面。我们每个人都有这样一些不同的词汇，它们是让我们陷在负面情绪里的强大触发器。[你可以在www.thebetterlife.com网站的“图书资源”栏目下找到一个简单明了的“触发词”（Trigger Words）备忘清单。]我很清楚，当我对自己说“我受不了了！”的时候，这种感觉就会被强化。我已经学会及时改变这些话语及其意义，接下来我会分享这种易于实现的技巧。

在我分享之前，请想一想我们的身体用来表达语言的微妙方式。我有这样一个朋友，当问及他过得怎么样时，他的肩膀总是立即耷拉下来，而且他总是会说“还不错”。他的身姿反映了他要说的话——他看起来还不错，但一定没有那么好。我还有另外一个朋友，他常常说“我忙得要死”。即使在周末没那么忙的时候，他也会这么说，而且我马上就发现他紧张起来了。他们的生理反应和我近些年认识的乔尔·韦尔登恰恰相反。每次我遇到他，问他过得怎么样，他总是会说“棒极了”。乔尔已经70多岁了，但他精神抖擞的状态让他看上去能量充沛、精神矍铄，而且相当有活力！他的双眼明亮，看起来仿佛已经重返25岁！当他说出这些话时，他让自己变得感觉良好起来，无论是有意识的还是无意识的，只要他这么说，他的状态都会变得非常好。“非常棒”是乔尔的触发词。虽然触发词是个好东西，但前提是它得适合你。

因此，请写下你自己的触发词。在你写下它们的时候，请描述每个词给你带来的感受。如果你的触发词是“压力大”，那么除了不堪重负之外，它还可以引发其他各种感觉，比如恐惧、孤独、自怜等。

而将这些话大方说出来，最酷的地方在于你可以反转它们。之前我们已经讨论了我们的外表——肩膀放松，开怀大笑，扬起眉毛，仅仅做这些动作就可以给我们的生活带来巨大改变。你的生活将因为这些微小的体态变化而变得更好。但如果你将所有消极的触发词都从你的词典中去掉呢？如果你不再说“我不堪重负”，而是说“我很忙，因为我有很多机会”呢？养成这样一个成功习惯，在你说出那些消极的话之前尽早发现并打住。花点时间换一个不会激发负面感觉的新说法。如果你脱口而出——我们每个人都会这样，那么没关系，你只要重新调整，换个说法就行。例如，如果你发现自己说了“我今天不堪重负”，那么你不妨停下来，然后说：“等等，让我重新说一遍：我很幸运能有这样的机会，而且我会因此学到很多。”用积极的话语取代负面情绪触发词，这种做法不会让你内心的那个“反派”变得更强，相反它会让你调动内心的英雄，并使之变得更加强大。

你的核心圈子里都有谁

你身边都有哪些人？你和谁相处的时间最长？你的核心圈子里都有谁？你可能知道接下来我们会讨论什么，不过还是请跟着我一起看下去。我们都知道，最亲近的人对我们有多么大的影响力，他们有的剥夺了我们的自信，有的赋予了我们力量，对吗？你可能会这么想：我知道我有一些心态较为消极的朋友，但我不会让他们影响到我，我不同意他们的言行。我所遇到过的每个行业巨头、人生赢家及改变世界的人都曾就人际圈子的作用表达过同样的意思：“你身边的人什么样，你就会变成什么样。”

如果你有三个消极的朋友和三个积极的朋友，你的前景将介于他们两者之间。如果你所有的朋友在经济上都只能勉强度日，那么你很难靠自己去摆脱财务上的困境。如果你的配偶每天都很消沉，而你试图变得积极起来，那么你们俩最终只能达到中间状态。我不是说你应该离婚，请不要误解。也许你可以将本书读给你的伴侣听，或者和你最亲近的人分享其中的教益。请继续阅读，找到应对这种状况的另一种办法。

你知道，你的生活中有这样两类人：他们有的是“充电器”，有的是“耗电器”。这个想法是我的好朋友乔·波利什提出的，那天我们共进午餐，他对我说："你知道吗，迪安，如果你和某个人在一起，几分钟之内你产生了很棒的感觉，但你不知道为什么，那么这很可能因为那个人是'充电器'。你和那个人在一起越久，你就会变得越有精力，你也会觉得你能在生活中实现更多成就，此外你还会开始养成越来越多的积极的成功习惯。相反，你也可能会和某个人待上几分钟就感到筋疲力尽。这样的人就是'耗电器'，会吸走你所有的积极能量！而且很快你就会染上他们的坏习惯和消极情绪，并将它们带入你自己的生活。"

在和乔交谈之前，我对自己周围该有什么样的人有着自己的定义，但乔对"充电器"和"耗电器"的定义相当完美，因此我采纳了他的这一比喻。

在遇到陌生人及与人初次见面时，我们可以快速识别他们是"充电器"还是"耗电器"。例如，你可以问问对方："你今天过得怎么样？"你可以通过他们的回答进行分辨。如果他们说"今天过得不错"、"非常棒"或"很好"，那么这意味着他们是"充电器"，是你想要与之对话并进一步了解的人。你要留意他们的行为方式、习惯甚至其职业道德。如果一个人回答"今天又是艰难的一天，我真希望这周快一点儿结束"，那么你可能只会点点头然后赶紧离开他。你的精力相当宝贵，别让他人这样消耗它。

记住，如果有人问你同样的问题，例如"嘿，迪安，你好吗？"，那你为什么不像乔尔那样养成习惯，学会说"非常棒""好得不能再好"或类似的话呢？这的确是一个微妙但又有效的习惯。

这一人性法则十分简单：你如果想获得财务上的成功，那么必须让你的身边都是些经济上成功的人。你如果希望成为企业家，开办你自己的公司，那么应该与企业家或其他打算开办自己公司的人交往。

如果你希望保持好身材呢？我想你知道该怎么做。

那么，你该如何发展自己的小圈子呢？你必须养成扩大社交圈的习惯，有意识地将成功的、有事业心的人及企业主纳入你的圈子。也许你会说“我可没有那么多成功的朋友”，这种情况很常见，所以你要一步一步地来。首先你可以多读一些有关成功的书，也可以在健身的时候听听相关播客或有声书，然后去那些成功人士聚会的场所，比如聚会或策划会等。你可以在 www.thebetterlife.com 网站开始你的 30 天成功习惯挑战。

我之前提到过：你不需要将消极的人从你的生活中赶走。在很多情况下，他们会在你的发展过程中掉队。因为一旦你开始改变你的言谈举止，那些人可能就会受到你的激励并效仿你的做法，也可能会自己选择退出你的社交圈。

是的，我知道在某些情况下那些与你关系最为亲密的人是消极的，而你无法直接推开他们，让他们消失。不幸的是，你无法让别人保持积极的态度或者指出他们是消极的，也无法说服别人放弃自己的坏习惯。相反，你需要为他们的改变——你所希望的——做出表率。你可以将周围照耀得相当明亮，这样他们就无法遮蔽你的光芒，相反，他们会受到激励，和你一起变得更明亮。在通往最好的自己的旅程中，你有能力选择少数你希望与之同行的人。你可以成为他们生命中的一盏明灯，哪怕最消极的人也可以因此而变得更好。

前面提到的一些成功习惯看似简单，但它们的影响是不可忽视的。成功不是运气，也不是奇迹，对那些打败了内心“反派”的人来说，它是一系列习惯，而且它们实际上真的有用。

记住，和任何新鲜且重要的事情一样，需要我们记住并融入生活的习惯有很多。话虽如此，请记住我之前分享的：这并不是要你在已经十分忙碌的生活中增加额外的任务，而是要你慢慢地且巧妙地用其他习惯去取代原有做法。你要做的就是改掉那些消极的习惯，例如浏览负面新闻，然后用一些对你更有帮助的习惯取代它们，帮助你在不需要额外时间的情况下前进。你要做的只是抛弃一些坏习惯，养成这些全新的成功习惯。这样你就可以用同样多的时间获得完全不同的结果。

说到时间，我很感激你能花时间听我分享这些。我知道你的生活有多忙碌，同时你也有很多选择。既然你已经读到了这里，那么我认为你是真切地想要获得更多的人，而不是那种只想靠运气或捷径一夜暴富的人。你如果能抽出时间来读完本书，也就能找到时间在生活中践行这些成功习惯。如果本书能够点燃你人生火箭的导火索，让你的人生更上一层楼，我就完成了我的任务。没有人拉着你的手求你读这本书，是你自己想要或有兴趣了解自己更高层次的生活是什么样的，你的行动将带你到达那儿。我希望你能将本书读完。你理应得到所有你能够获得的好处，而我也将推出更多优质的内容。

接下来，我们将学习最为重要的成功习惯，那就是理解你自己的“故事”。现在你已经知道你的内心有个“反派”，也知道是什么给了它力量——你的身姿和外表、你的说话方式或你身边的人，而你可以将所有这些消极的想法和习惯统统丢进一个桶里，然后摇晃它们，最后出来的结果就是你对自己所说的故事。你的故事是你内心的叙事，它可以是你生命中最重要的锚，让你无法体验发挥自己全部潜力的快乐——或许它也可以驱动你实现巨大的成就，让你获得财富，变得富足。

第四章

你的故事的力量

我们如果没有经历过挣扎，没有直面挑战和拥抱动力，就无法培养自己的个性。我们的个性形成于不相信自己能够做到某些事情的时候，但我们最终还是做到了，而且开拓出了自己的道路。在这种挣扎中，我们培养了自己的个性和实力。

——布兰登·伯查德接受迪安·格拉齐奥西访谈时所言

我们每个人总有一个或多个塑造了自己人生的故事。从本质上说，你的故事就是你生活中的一切，它是情感上的、精神上的甚至是身体上的。你的故事可以是让你扬帆的风，也可以是让你停摆的锚。

内心的“反派”告诉我们的故事往往会拖我们后腿，阻止我们前行。你如果回想一下这个“反派”破坏我们的方式，就会明白，它的作用方式就是一次又一次地向我们讲述这些故事——那些即使不是事实却被我们信以为真的事情。我们要做的就是弄清我们应该给自己讲述怎样的故事，无疑是那些符合我们人生新愿景并能够让我们的老说法停留在过去的故事。

要想养成让你的故事与你的愿景保持一致的习惯，你需要花一些时间。但是，难道你的财富、幸福和未来的成功不值得你现在为更好的明天付出努力吗？它们当然值得。因此，请行动起来，挽起袖子，让我们一同努力吧。在本章中，我们将揭示那些你津津乐道的故事，并探究那些看上去甚至完全无害的故事是如何阻碍和限制你的潜能的。我们的第一步是理解你为什么会对你自己或他人讲述特定的故事。一旦你对此有了认识，你就会明白如何将一个限制性的、剥夺你自信的、让你失去力量的故事转变成一个能够让你到达月球甚至更远地方的故事。

吉纳的故事

吉纳是我的一名学员，她是一位了不起的女性，我们是好朋友。在我遇到吉纳的时候，她已拥有一个特别的故事，她会告诉自己在生命中的某个时刻她究竟是谁，以及她认为自己在未来的某个时刻可以成为谁。但在讲述她的“故事”之前，请让我向你介绍一些有关吉纳过去的经历。

她是个全职妈妈，而且做得非常好。当丈夫在外努力工作时，吉纳在家勤勤恳恳地做家务，操持整个家：她做计划，安排家人的生活，照料丈夫尼克，时间允许时，她还会通过给别人上钢琴课赚点钱，她基本上算是个超级妈妈了。吉纳很喜欢自己的这个角色。在内心深处，她有时觉得自己之所以推迟实现自己的梦想和目标，是因为要让这个家庭稳固且有保障。尽管我们会时不时地质疑自己的选择，但不管怎样，吉纳都很满意她选择的这个角色。而最终让她不开心的却是她内心的那个“反派”，它用这种生活方式上的选择在吉纳的脑海里制造了一个故事，她因此变得软弱无力，质疑所有的事情。

接下来，生活的重大转变接踵而至：吉纳的孩子们陆续从高校毕业，开始自己的生活；她的一个女儿找到了很好的丈夫，吉纳对这件事以及其他孩子的成就感到非常高兴。然而与此同时，她内心的那个“反派”却对此创造了另一种不同的说法，给她制造了负面情绪。当丈夫尼克告诉她“我们需要更多钱来支付上涨的学费和女儿的婚礼开销”时，吉纳那“古老”的故事突然获得了力量。这个过去的故事是这样的：

在60岁时，我已经完成了我在这个世界上该做的事情。作为母亲和妻子，我已经尽力做到最好。我每时每刻都在照顾我的家人。但是现在，我的任务已经结束。现在我又老又孤独，再也没有什么重要的事可做。就像我的朋友们说的那样，现在是人生中的放松时刻，我们要珍惜过往，少花点钱，这样我们才能得以善终。我没有特殊的技能，希望自己可以通过教钢琴课来赚点钱，或许我还可以去当地的百货公司当个迎宾员。现在的社会是年轻人的了，像我这样的老女人做不了任何重要的事情。好吧，至少我是个好母亲。

这个故事没那么坏，不是吗？实际上，它坏得不能再坏——简直可怕！这个故事让她感到沮丧，告诉她自己没有价值了，而且她最辉煌的日子已经过去了。

尽管这个故事是虚构的，但她还是常常这么告诉自己，而这也开始成为她的实际情况。她下意识地对自己说了太多次这样的故事，以致她真的相信这就是事实，而这是一种常见的反应。这种由我们每天对自己叙说的故事导致的情绪决定了我们的生活方式。

要把我想要表达的内容浓缩成一句话是不可能的，但如果有哪句话在意思上与之比较接近，那就是：你的情绪、你的思维及你的“故事”就是你的人生。这就是任何时刻的我们，而我们将上述三者投射到了我们所做的每一件事之上。在吉纳的生活中，她一直在投射这样一个想法：“现在我是个老女人了，我做不了什么。也许这就是我人生中的低谷，只要适应就好。”而这正是她在我帮助她打破这一模式之前的生活。她开始阅读我写的书，渐渐地，她确信那些想法实为自己编造的谎言。

当吉纳知道自己内心住着个“反派”，并且认识到它是如何塑造自己脑海中听到的那个故事的时候，她有了打败这个家伙的动力。她将这个家伙当作真正的敌人，而不仅仅是她止步不前的象征。她对这个家伙及其发挥作用的方式了解得越多，就越有动力去阻止它的那种有害的说法。吉纳意识到，她如果可以改变自己的那些故事，就能够改变自己的现在和未来。

她真的做到了！吉纳给自己讲述了一个全新的故事，这种说法彻底改变了她的生活、家人及自己的未来。

> 我 63 岁，我还年轻，也很强大。我发现了人生下一个阶段的美好图景。我充满活力，我很美丽。没有什么是其他年龄的人做得到而我做不到的。年龄限制不了我，相反它可以让我运用自身积累的智慧做得更快、更好。没有什么可以阻止我得到我想要的快乐、幸福、财富和富足生活。上帝给了我这么多神奇的天赋，我要好好利用它们。

哇，这和那个认为自己的好日子已经过去、现在是时候蜷缩起来变老并渐渐消失的女人有点儿不一样。吉纳的新故事给她带来了一条全新的道路，以下是她在改变自己的故事和习惯后的五年里取得的一些成就。

- 开办了自己的企业，她赚到的钱可以让她过上完美的生活，而且绰绰有余——她的丈夫也不再需要工作了。
- 在美国游历了超过 25 个城市，并前往多个国家旅游。
- 就自己的转变面向各类观众进行演讲。
- 与人合著了一本有关自己经历的书。

- 在西雅图买下一栋俯瞰海湾的理想住所。
- 支付了所有孩子上大学所欠的债务。
- 用赚到的钱让家人享受不可思议的度假生活。
- 减肥。
- 保持前所未有的好身材。
- 说服儿子辞去美国公司那消耗精力的工作，让他在自己的企业里工作。
- 爱上了优质的红酒和食物，对上帝的信仰上升到了一个新的层面。
- 几乎完成了人生目标清单上的所有事情。
- 她笑得比我认识的任何人都要开心。
- 她为自己想要的东西付出的行动及获得的成就，给她的孩子带去了激励（吉纳表示这可能是她最了不起的成就）。

你可以对吉纳的成就进行一番想象。她的全新现状并非源于外部世界发生的变化。她既没有中彩票，也没有继承一大笔遗产，更没有幸运到在聚会上认识的人给了她一份不错的工作。改变她的是习惯，以及她对自己讲述的故事。她成了自己人生的“恒温计”，而非“温度计”。如果吉纳对自己故事的改动没能激励你改变自己的故事，那么你真的需要深入挖掘你的故事了。

当吉纳意识到是自己的故事在拖她后腿的时候，她并没有崩溃或陷入失落、绝望之中。她只不过过着一种安于现状的生活，而且没有发挥她“更上一层楼”的潜力。在发现自己不需要外界有所改变就能获得更多成就时，她开始改写自己的故事。直到那时，她才实现了自己内心真正的平静和幸福。有钱当然也是一件好事，但这不过是锦上添花罢了。

现在，你可能会想："也许这种做法对吉纳有用，但如果我没有吉纳那么聪明或坚强呢？"好吧，如果吉纳是唯一一个经历如此戏剧化转变的人，那么你或许可以这样怀疑。但吉纳并非特例，至少在我认识的人之中并非如此。我接触过各种各样的学生——他们的智力水平、背景、个性和能力各不相同，但他们都能做到吉纳所做的事情。无论你现在处于人生的哪个阶段，无论你是否已经有了一份好工作和一个好家庭，无论你是有钱但没有成就感，还是有成就感但没钱，这些都不重要。无论如何，你都有一个需要改变或调整的故事，因为这个故事正在阻止你在自己最看重的方面过上最理想的生活，而改变你的故事，就可以改变你的人生。

我可以在此处打住，让吉纳激励你去改变自己的故事。但这可能只会激励你一两天，之后你的故事可能又会变回老样子。你必须牢固树立这种改变意识，让其伴随你一生。我们可以共同实现这个目标。我将为你提供转变工具，改变你一度仰赖的故事，改变你的心态，让你养成百万富翁的成功习惯，增强信心，相信自己有能力在财富和人生的各个方面都更上一层楼。现在是时候发现那些拖你后腿的故事了。

发现你的故事

为了充实你的故事并清除你的人生中那些自我限制的想法，我们必须将它们中的一些摆在你的面前，让你对此进行思考。为了做到这一点，请想一想你希望在人生中的哪个领域取得最大突破？因为你正在阅读这本书，因此我敢说这种突破应该是赚更多钱，开创或扩大自己的企业，或是找到一份你喜欢的工作。所以，你可以停下来问问自己，为什么你还没有实现这些愿望？请确保你没有过滤你的答案；不要找借口，也不要合理化或否认问题。请坦诚地写下你还没有实现这些愿望的原因。

为了引导你进行这个练习，你可以想一想以下哪些因素可能会阻止你突破。

- 经济因素。
- 缺少时间。
- 你的上司。
- 你的员工。
- 不支持你的配偶。
- 你的教育水平。
- 缺少资金。
- 你的健康问题。
- 你的人际关系。

这里可能还有许多其他因素，我列出这些只是为了引导你思考是什么在阻碍你实现梦想。

在思考为什么你还没有达到你想要的人生状态时，你应聚焦自己立即想到的那些因素。你想到了怎样的故事？在大多数情况下，当你想要在任何领域有所长进但似乎找不到这个因素时，这就意味着在你和你想要达到的下一个层次之间存在着某个故事，它就像是一堵你可以推倒的墙（但只有当你意识到它真正存在时，你才能推倒它）。

现在，你可以想一想那些在你脑海中冒出来的故事，然后完成 www.thebetterlife.com 网站“图书资源”栏目下的“负面故事”（negative story）练习表。你能否看到前一章讨论的因素——内心的“反派”和缺少对“为什么”问题的深入探究——如何助推了这些限制性的故事，让它们成了你潜意识中那该死的现实？或许你还可以想一想这些故事是怎么成了你的一部分的：也许是你每天接受的负面新闻助长了它们；也许是让你克服弱点的说教助长了它们；又或许是朋友的坏主意让负面故事固定在了你的心里，直到它成了你认定的事实和你的习惯性想法。

你是不是想到了一些故事？如果有，请把它们写下来。

如果没有，请停止阅读，想一想你隐藏了什么。也许你在排斥这个练习，你可能暗自在想：“好吧，我并没有什么故事，这就是我的实际情况。”你如果这么想，很好，那么请写下你认为的实际情况。记住，你可以用吉纳过去的故事或前面的列表来激发自己。

现在，让我们再深入一些，找出那些限制性想法，是它们造就了这个潜藏得如此深的故事。如你所知，这些故事可能已经伴随你很多年，或许可以追溯至童年早期。可怕的是，在大多数情况下，这些剥夺我们力量的故事一直都是由那些我们在生命旅程中遇到的人灌输给我们的。这些故事在我们的潜意识中制造了我们未能充分发挥自己潜能的借口。在结束本章内容前，我希望你能够从内心挖掘出你的限制性想法和故事，然后彻底抛弃它们。在这里，请让我分享一个场景，希望它能够帮助你挖掘得更深并让你实现这个目标。

如果你的祖辈经历过美国经济大萧条时期或相信这样的说法，那么他们很有可能对存钱持有极端保守的观念。他们可能会这么想或相信这样的说法：“你必须稳妥行事，努力存钱。无论喜不喜欢、合不合适，你都必须找个工作。冒险可能会毁了你。”这是因为他们在大萧条期间有过地狱般的经历。当时，那一代的许多人甚至无法为家人提供基本的食物，人们没有多少犯错的余地——他们关注的是生存。

很大一部分人接受了他们能找到的任何工作；他们若不能好好省钱，可能就会失去一切。

如果你的祖辈有过这样的经历，他们就很可能会引导你的父母建立谨慎节俭的心态。他们可能已经向你的父母灌输了他们在经济大萧条时期坚守的信念，接着你的父母又会将其传给你。这些想法会限制你，而你甚至意识不到。也许你想自己单干、扩大你的生意或者换个新工作，但恐惧让你无法自拔，而你根本不知道这是何故。我知道这是为什么！这种代际限制性思维或故事从你的祖辈那儿一代代传递下来。你秉持经济大萧条时期人们的理念生活着，哪怕你所处的时代与当时有天壤之别。这就是一种无形的打击，或者如我所说，这就是那个让你停滞不前的内心的“反派”。

这些信念可能会限制你人生的方方面面——从你信仰的宗教、支持的政党到你选择结识的人。你的限制性思维悄无声息地影响着你的行为以及你今后的样子。如果有人说别人正在控制你的思想，那你会不会觉得这很可怕？然而从很多方面来看，这就是你的生活中正在发生的事情。

因此，你要关注那些在不同方面对你有所限制的信念和想法。当你打算尝试一些新的事情或挑战的时候，例如开办企业、赚更多钱或者保持良好的体形，你会大声对自己说什么？写下你脑海中的想法或故事以及你想要改进的地方。不要担心它们与你在早前阅读本章时写下的内容有些重复，它们可以是一样的，因为这么做就是为了提炼当前指导你生活的那些信念。

接下来，请写下这些信念的来源。如果你和许多人一样，那么你会在审视了你的故事和信念之后说：“天哪，这是我父亲的想法，这是我大学教授的想法，这是我前任配偶的想法。”哪怕这些想法的确来自那些人，但如果它们在你的心中留存了很久，那么你也会对它们深信不疑。因此我们需要找出自己的类似想法，看看它们在大多数情况下是多么没道理。你必须认识到，它们不是你的信仰，而是别人传递给你的想法。

既然你已经找出了它们，那么我希望能够引导你掌握这样一种方式，它不仅能够证明你的故事不对，同时也能告诉你如何反转这些故事，继而创造一种不仅不会束缚你而且能够给予你力量的全新故事，让你能够向着人生中的各种成功迈进。

你的故事如何影响了你的人生

你可能不会意识到你的故事给你的人生带来了多么消极的影响。你可以花一点时间，通过回答以下问题来评估它的影响。

- 它是否削弱或摧毁了你的自信，挫伤了你的自尊？
- 它是否让你感到愤怒或仇恨？
- 它是否让你生活在怀疑和困惑中，甚或让你需要心理治疗？
- 它是否让你付出了健康、职业、平和的心境、人际关系或快乐等方面的代价？
- 它是否阻止你去寻找你真正想要的人际关系，或者让你无法修复你当前的人际关系？
- 它是否妨碍你成为你想成为的家长？
- 它是否让你害怕尝试开办自己的企业，或者让你不敢用自己的创意去创造更多财富？

你很有可能对其中一个或多个问题的答案是肯定的。如果是这样，请评估并写下你付出的代价，也就是被你特意否认的东西、你遭受的损失以及你说给自己的故事给你制造的问题。不必担心，你无须写下完整的句子。你只要把它们写下来，让你有实物可看就行。我希望你能直面一个糟糕的故事或负面信念带来的痛苦，或者它们让你错失的机会，这样你就会更加痛恨它，也会更迫切地想要改变它。不过，让我们更进一步。

展望未来，想一想如果你不改变它们，这些故事或信念将让你继续付出怎样的代价。在你通往人生目标的旅途中，这些故事会如何阻碍你？想想 5 年、10 年或 20 年之后你的生活因为这些故事和信念又错过了什么？闭上眼睛，想象你在未来某个时刻错过一个好机会的情形。让自己体会错失机会的痛苦。你真的要赋予这些故事那么多的能量吗？你要认清它们曾经让你付出的代价，以及它们将让你接着付出的代价。

我时常想象，如果我当初没有改变自己内心的故事，那么我的生活会是什么样子？每当此时，我就知道我所拥有的一切成功、爱情及富足都不会成真。我可能永远都不会开创自己的事业，不会接触数百万人的人生，不会游历世界，不会实现其他许多事情。更可怕的是，今天我可能都不会成为布里安娜和布罗迪的父亲！

墨守一个糟糕的故事或一个错误的信念，可能会在很多方面给你的人生带来连锁效应。因此让我们将它转换成不会约束你并且能赋予你力量的故事吧！

证明过去的故事或信念并非事实

为了彻底摆脱你过去的故事或信念，你要找到证据来证明它就是一堆废话！我曾经有过这样的经历。我从小就有阅读障碍，而且从来没有得到过好成绩，因此我不够聪明，上不了大学，而如果没有大学文凭，我将一事无成。我自认为永远不可能开办自己的企业，因为赚钱需要资金和智慧。我当然一点都不怀念过去我对自己说的这些蹩脚话，但我知道有这样的想法是什么感觉。

让我这样问问你：我对自己说的这些到底是真的，还是废话？你是否知道有很多百万富翁或有钱人都没上过大学？你当然知道！经常和我在一起的两个好朋友托尼·罗宾斯和亿万富翁理查德·布兰森就是这样。他俩一开始都没有钱，托尼没有上过大学，理查德没有读完大学二年级。其他许多成功人士也都没有大学文凭，例如比尔·盖茨、迈克尔·戴尔、亚伯拉罕·林肯、安德鲁·卡内基、安德鲁·杰克逊、本杰明·富兰克林、可可·香奈儿、亨利·福特、詹姆斯·卡梅隆、老约翰·D. 洛克菲勒、沃尔特·迪士尼等，这样的例子不胜枚举。多年前，经过一番调查，我发现我告诉自己的那些话完全是胡说八道。后来，我也向自己证明了我的那种想法就是个错误的谎言。

也许你可以从我的写作风格中发现，我的表达在语法上常常不够完美，而且我没有读过我本该读的那些好书。在年轻的时候，我总是说服自己相信，我不可能有机会在人生中做任何对阅读或写作技能有要求的事情。我没法想象自己可以写书，更不用说写出好几本《纽约时报》畅销书了。

难道我是个例外吗？还是说也有其他不擅长语法或阅读的人写过《纽约时报》畅销书？当然有！很明显，我之前的说法是完全错误的。只要稍做一点调查，你就能发现这个说法站不住脚。

有没有其他什么人像我一样，他们没有钱，童年经历悲惨，却也做了一些了不起的事情，成了优秀的家长，拥有可以给自己带来回报的人际关系，有很棒的朋友，同时在经济上也相当成功？当然有！而你一直抱着不放的故事或信念很有可能是错误的，你要证明那都是废话。认为自己是唯一一个被某些问题拖后腿的人，其实是荒谬的。找到证据去证明这些限制性的故事和信念不过是一派胡言吧。

与上帝对话

这里有一项练习，它可以让你真正厌恶自己过去那些故事。你可以假装自己在与上帝、宇宙或你所认为的造物主对话。想象上帝对你说：“你为什么没有发挥我想要的全部潜能？我让你来到这个精彩的世界，给你的人生赋予了无限可能。是什么阻止你成为最好的自己？”你可以安静地坐着，思考这些问题，接着想象自己用你近来挖掘的故事——或者按我的说法就是借口——来回应上帝，例如“我之所以辜负了我的全部潜力，是因为小时候我的父亲对我十分粗暴”，“经济环境发生了变化”或“我的配偶不支持我”。你真的能平静地对你的造物主说出这样的话吗？

现在，想象一下你将这些借口或合理化的故事说给那些经历过无法想象的残酷或悲惨遭遇的人听，例如那些经历过战争或癌症的人，或者是集中营的幸存者。或许你确实也在经历同样悲惨的人生，但更有可能的是，你的故事与其说是悲剧，不如说是你特有的经历，比如你经历了父母的离异、自己的开销很大或总是感到害羞和自卑。我并非轻视你所面临的困难，我只是希望你将它们与你在人生中可能经历的最糟糕的情况放在一起思考。即使你遭遇过最可怕的情况，我也看到过那些经历了史诗般悲剧的人奋力挣扎并依然坚持完成了看似不可能的事情的情形。他们大多数人都走出了黑暗的过去，因为他们拒绝让悲剧和困难限制住自己。他们为自己的生活创造了不同的故事。因此，在告诉上帝自己没有实现职业目标是因为父母对你过于苛刻的时候，你难道不会厌恶这种说法吗？你难道不会对这个故事感到异常恼火，因而产生改变它的动力吗？我想你一定会。

大声说出来

在本章，我们已经进行了一些练习，同时了解了我们如何构建自己的“故事”，除此之外，另一种可以让你摆脱过去故事的做法就是把它大声说出来，并且听听它有多荒谬。你可以多说几次，反复聆听自己的发音。例如，你可以大声说：“我生活得不好，因为（用你自己的理由填空）。”我自己是这么说的：“我没法实现我的目标，因为我有阅读障碍，没法好好读书。”是的，我的说法让我尴尬，但这就是重点所在。我知道你的故事在过去可能会给你带去精神上的创伤，但是当你作为一个成年人将它大声说出来时，你就会听出它是多么具有误导性。我还要强调的是，你的生活可能比我能想象到的更糟糕，但我并不是想轻视你的经历。无论它是什么经历，无论它有多糟糕，你都需要对你过去的限制性故事产生足够的厌恶之情，这样你才能采取措施帮助自己用新的故事取代它。

看到好的一面

现在，让我们开始反转这些限制性故事，让它们成为不仅不会约束你，而且能赋予你力量的故事。当你改变故事的某些部分时，你的说法将会大大改进。让我分享一下我自己这么做的经验吧。上学时，我曾被认为是一个“愚蠢的”孩子，而这自然深深伤害了我，让我多年来一直深陷痛苦与挫折之中——至少我是这样认为的。

正如我之前说过的那样，我有阅读障碍，很难进行阅读，因此老师和其他同学都说我傻（我上的可不是一所政治正确的学校）。在没有意识到这个问题的情况下，由于无法像别的孩子一样阅读，我学会了如何在视觉和听觉上做得更好，因而找到了通过看和听来学习的方法。而其他孩子可能从来没有开发过这方面的能力，即使他们开发过，花的时间也比我更多。这就是我可以在没有提词器或底稿的情况下站在讲台上连续演讲数小时的原因。童年的阅读障碍让我学会了通过更为简单而直接的方式进行交流，哪怕我要讲授的内容相当复杂，我也会用一种易于理解的方式讲解它，因为这就是我的思考方式。而且我很清楚，这就是我传递的信息能够让数百万来自各行各业的人产生共鸣的原因。

那么，你的故事有哪些好的方面呢？你的人生中有什么是一度被你视为障碍，但实际上却让你掌握了某些技能，从而成就了今天的你？也许你曾经在一段感情中被骗，那时就好像世界末日一样，但现在与你相伴的却是最理想的伴侣，因为你已经知道自己应该得到什么样的爱。也许你曾经被炒过鱿鱼，这让你觉得自己不够好，然而正是这次遭遇让你有更多时间可以用在自己身上，让自己在身体和精神上都达到了最佳状态。

你也可以从自己的故事中找到好的一面，然后将它变成能够赋予你力量的故事。记得托尼·罗宾斯说过：“如果事情是为了我们而来，而不是针对我们的呢？”当他将这个观点分享给我的时候，我当时还保留着的那 10% 有关家人问题的说法彻底消失了。如果那些事情没有发生在我身上，我也不会成为今天的我。因此，那些看似不好的事情只不过是塑造我们个性的宏大计划的一部分罢了。带着这种“发现好的一面”的视角去回顾你的故事，那些过去的故事很快就会对你失效。

是时候调整你的故事了

想象你待在一个充满了你人生回忆的房子里。它们有的是美好的，但也不乏负面的故事，它们会让你想起过去发生的不好的事情。现在，想象这座房子着火了，你手头只有一个小小的行李箱，而且你只有几分钟时间来挽救这些记忆。为了实现更上一层楼的成功，你必须打包带走那些能够推动你前进的美好回忆和故事。而那些压在你心头的负面故事，就让它们被火烧掉好了。你只需带上那些能够帮助你实现更好生活的故事。记住，过去只存在于你的内心。你必须像做研究和搞开发那样对过去进行思考。只有这样你才能从中吸取教训，培养更好的自己。如果过去给你带来了困扰，让你止步不前，或者不会对你美好的未来有所帮助，那么你就让这段回忆被大火吞噬吧。

在《当下的力量》（*The Power of Now*）一书中，埃克哈特·托利表示，昨天已然过去，我们没法改变它，而明天在我们的脑海中是一部尚未拍完的电影。我们拥有的只有当下！既然你可以让过去永远成为过去，那么为何还要背负它的重担呢？

是时候调整你的故事了。既然你已经意识到过去的故事让你付出了多少代价，它为什么不是事实（尽管它在感觉上像是真的），它如何被外部微小的因素推动及你应该多么痛恨它（这是最重要的），那么你应该做好准备，对它进行重塑。例如，我将“残酷的童年让我永远无法成功”这一故事做了180度反转，创造了一个全新的说法：“我有能力，因为我的童年环境教会我如何更好地沟通，如何成为视觉学习者。当我还是个孩子的时候，我已经学到了很多失败的教训，因此失败不会阻止我！当我将快速学习的能力、不惧失败的心态及顽强的精神结合起来时，我的人生就有了无限可能！”这个全新的故事赋予了我力量，成了我的新信念。

你可以像我一样，找到你自己全新的、更好的故事。记住，无论你过去的情况是什么样的，你都可以将它们抛在脑后。如果你曾被人欺骗、被合伙人骗过钱或者你的父母不爱你，那么请将这些事情统统丢掉，用更好的说法来替代它们。

写下你自己的故事

当你构思这个新故事时，你可以采用与你之前的做法相反的方式，找到证实你的新故事的证据。你可以上网搜索证据，向成功的朋友咨询，寻找一位导师，或者与我旗下的某位训练有素的教练进行沟通。总之你要尽一切可能找到证实你当前故事的证据。例如，你认为“我的逆境让我变得更加坚强、不易受挫，我可以应对我遇到的任何事情”，那么你可以找一找过去的那些坚强的女性，看看她们经历过怎样的逆境。你可以看看罗莎·帕克斯[①]、特蕾莎修女或海伦·凯勒。大多数成功人士一生都曾有过一次或多次地狱般的经历。

① 罗莎·帕克斯（1913—2005）是美国黑人民权行动主义者，后被誉为“美国现代民权运动之母”。——译者注

找到他们的故事，利用它们来创造你自己的故事。证据无处不在，因此你大胆地去寻找吧。

把它写下来，修改它，但一定要保证这个故事是精心构造的。如果你觉得你已经写得很完美了，那么你可以将其发送到你的手机，将它复制到手机的笔记类应用程序里，这样你每天都能阅读它。你可以像念咒语一样重复它并试着将它背下来。当过去的故事在你的脑海里重现时，你应该有意识地注意到这种想法。如果你半夜醒来，发现自己又开始讲述过去的那套话了，那么你可以告诉自己“哦，哦，哦，我已经抛弃它了。这是个可怕的故事！是胡说八道”，然后再用新的故事替代它。

大声说出你的新故事

实际上，一旦你有了新故事，你就应该将它固定在你的潜意识里。记住，那些过去的限制性思维可能已经伴随了你 10 年、20 年、30 年或更久。就像为了保持体形需要不止一次地训练一样，你也需要一次次地将你的新故事嵌入你的人生。在接下来的 30 天里，通过我的 30 天挑战或你自己的方式，在每天入睡前大声说出你的新故事。让这个故事成为你昏昏欲睡前想到的最后一件事情，同时确保它是你清晨醒来时想到的第一件事。请试着在接下来的一个月里每天都这么做。

你也可以找一个欣赏你的新故事的人，向这个人讲述你的故事——这个人会微笑着给你以鼓励，而不是贬低它，说你是个梦想家。告诉这个人你是如何形成这个故事的，分享你用新故事替代老故事的过程。

你也可以找一位朋友、合伙人或教练在这个环节帮助你，请他做你的导师，至少要让你不偏离正轨。如果有人可以给你以指导和引导，那么请紧紧抓住他们，不要放手。

我愿意交钱让这两类人一直出现在我的生命中。我每年会拜访四次战略教练（Strategic Coach）公司的丹·沙利文，他是我的责任教练，他会向我传授智慧，帮助我成为更好的教育者、企业家及更好的人。此外，我也是凤凰城乔·波利什人才网络（Joe Polish's Genius Network）的会员，乔帮助我强化我的营销技巧，让我能够全身心地进行更深刻的思考和更积极的关注。每年，我分别向他们支付 25 000 美元的费用，因为他们可以让我对自己的目标负责。我是一名培训师，我致力于改变学员们的人生，但同时也要对自己的发展负责。教练是能够真正帮助你做到这一点的人。如果你认识可以做你的导师的人，那就请他来引导你吧。你无论怎么做，请一定都要接受我在 www.thebetterlife.com 网站上提供的有趣且吸引人的 30 天挑战。你也可以打电话给我的公司，电话是 866-505-4200，让我们看看我旗下的成功认证教练是否能够在你成为最好的自己的过程中给你提供帮助。

对比你的两个故事

最后，在你写下你的新故事之后，你可以将其与老故事做个比较。你可以看一看，不只改变一个故事或信念，而是改变所有无法让你实现更高目标或无法回答你的真正“为什么”的想法——这种做法会给你的生活带来多么不同的结果。你已经在老故事上耗费了那么多年时间，因此你可能要花点时间才能将它从你的意识中抹去。这没什么。因此不要不耐烦，要坚持不懈！记住，每天晚上和清晨都要重复这个故事。也许你每天需要花 10 分钟来做这件事，你应该好好思考这个新故事，同时试着去感受它。

改变过去的故事，杀死内心的“反派”，这样你就可以更好地看清你自己，看到未来的成功。更重要的是，一旦你杀死了内心的“反派”，改变了你的故事，你就已经踏上了释放内心的英雄的道路，并且最终能够获得你应得的财富和幸福。

第五章

唤醒内心的英雄

你如果没有极其坚定的信心，就不会取得长久的成功，因为人一旦没有信心，就不会采取大胆的行动。大胆行动，从失败中吸取教训，改变方法，直到实现自己的目标，才是让人在任何情况下都能取得成功的正确方法。

——托尼·罗宾斯接受迪安·格拉齐奥西访问时所言

内心的（inner）：形容词，内部的、里面的；内在的（心理或精神上的）。

英雄（hero）：名词，因勇敢、杰出的成就或高尚的品质而受到仰慕或被理想化的人。

这两个词的定义非常明确，它们每一个都可以单独代表许多不同的人和事。但当你将两者组合在一起时，它们就有了全新的含义。“内心的英雄”代表了你的全部潜能和最好的你自己，上帝设计的那个独特、不可约束的你以及那个必须掌握自己生活的人。当你唤醒内心的英雄时——是的，我们每个人的内心都有这样一个英雄，你就可以打开你的世界，去迎接新的机遇和享不尽的富足与快乐。

在我解释激活你内心的英雄的最佳方式时，请不要忘记它的对立面，也就是你内心的“反派”。现在你已经知道，这个“反派”会与你的成长作对，竭尽所能地磨灭你的自信，让你无法养成新的成功习惯。如果这个“反派”不努力控制局面，那么它将不得不出局，然后被内心的英雄取而代之。然而，这个“反派”并不希望失去对你的控制。“反派”发挥作用的方式是告诉你——或者更好的办法是让你想起过去那个令人沮丧的故事，它试图破坏你的潜意识，让你没法为自己创造一个更好的故事。然而，在本章结束之时，你将得到一些工具和清晰的思路，它们可以让最好的你来引导你自己的思想、幸福和富足。

请回忆一下前文所述：当内心的英雄掌控你的人生时，你将充满自信和乐观，同时成为一个专注于解决问题的人；而当“反派”获得控制权时，情况就截然不同，它将剥夺你向着最好的自己转变的勇气、精力和自信。后一种思维在今天应该结束了。我曾给过你一些工具，让你了解这个“反派”从何而来以及如何消灭它。现在，我们将彻底做个了断，用匕首插入那个“反派的心脏”，然后让内心的英雄掌握大权。

这么做并不是说要将你变成另一个人，比如将内向的你转变成外向的你，而是要实现更深层次的、更好的、更适合你自己——只适合你自己的——且可以持续一生的转变。一旦掌控你的生活的不再是内心的“反派”，而是内心的英雄，你就会拥有无限可能，你就会发现自己做到最好是什么样的感觉。记住，我给你的并不是成功的神奇药丸，阅读本书不会让你立即获得财富和成功。相反，正如我在本书中始终强调的那样，你将学会如何快速实现微小的转变，并在短时间内感受和看到巨大的积极效果。通过共同努力，我们能够实现这个目标。这是你应得的，因此请继续阅读、推进并坚持下去。我们已经走了这么远，现在可不是停下来的时候。

在我们继续这段旅程的过程中，我将继续分享新的习惯、思路及练习，因此请持续聚焦你的“为什么”。要想把练习和行为改变拖延到下一次是很容易的。你曾经试图改变，但通常都没有成功，因为这不仅是讲个好听的故事，然后给你一些激励那么简单的事情——其他许多书都是这么写的。相反，这是要让许多小小的行动聚沙成塔，最终产生巨大的积极效果。现在，我们不再会像坐过山车那般上上下下，是时候沿着笔直的道路前进了。

为了做好这样的准备——让我们这样说吧：你的精神状态和自信

水平是你走向成功的关键因素。想一想，在你心情不好的时候发生了一件好事，而这触发了良好的感觉。这件事可以是你发现银行账户里的钱变多了，你的配偶为你做了一件特别的事或你在工作中得到了提拔。你是否可以想到一些情绪从低落转变为高涨的瞬间？你当然可以想到，而这表明你有能力在瞬间改变你的心态。你只不过需要借助工具来控制这种能力，而不是让自己受外部因素的摆布。

面对现实吧：在你的自信心降到谷底的时候，你做过什么了不起的事情吗？这是不可能的，因为在这样的心态下，问题会变得复杂化，你会错失机会，最终留下遗憾。另一方面，当你在某天或某个时刻精力充沛、自信满满或是心情很好很积极的时候，我敢说你会想象自己能够完成一些不可思议的事情，哪怕这样的时间相当短暂。

是的，当你的情绪高涨的时候，这种情绪的爆发和改变会让你有很强烈的感受。但若这种高涨的情绪消失，低落的情绪随之而来，那么你的生活将会因为那些由外部世界造成的高峰和低谷而起起伏伏。让我们正视它吧：这种情绪的起伏不会给你带来你想要的财富、快乐、幸福或成就。

这就是我要教你在无论周围发生什么的情况下都要调整自己的心态和自信水平的原因。有了这种能力，你就可以约束这些低谷并最终彻底抵御它们，因为那时你已经能够控制你的情绪和思维，不会让外部环境左右它们。

我会告诉你如何挖掘内心深处更高的自信水平，如何提升它，以及如何随时调用它。大多数人都认为他们要么非常有信心，要么一点信心也没有。但低谷并不是毫无信心造成的；只要你的自信心下降 5%，低谷就会出现。哪怕对自信心的一个小小的打击，也会给你的抱负、目标和梦想造成致命的冲击。因此，请做好准备，学会如何将自信心保持在 100% 的水平上吧，或者至少准备好立即发挥其全部潜力。

你内在的自信就是你内心那个等待焕发光彩的英雄。我曾经看到我的许多学员笨手笨脚地摸索着战略技术，不知道自己为什么会停滞不前，或者更糟的是，他们对该怎么做想得太多，以至懈怠起来。他们为什么无法积蓄动力，坚持一条可以无拘无束地实现自己的抱负的道路呢？几乎每一个在转变之初没有放弃的学生都明白，自信不足是问题所在。然而，一旦经历了这个过程，他们就获得了在自己未曾想到的程度上建立自信的能力。一旦有了这样的能力，便没有什么可以阻挡得了他们。

在我们讨论如何调动内心资源，让你获得在需要时改变心态或提高自信的能力之前，我希望给你一个机会，让你想象这种内在的力量转变，以及它能够给你的人生带来的巨大变化。

勇者画像：两个英雄

对卡罗尔·斯廷森来说，她之所以任由内心的“反派”支配自己的人生，在很大程度上是因为她成长于费城的一个异常贫困的家庭，后来她搬到了新泽西一个令人不太舒服的地方定居。她这样总结自己的人生哲学：“穷人一直穷，富人越来越富。因为后者拥有别人没有的优势。”

然而，让内心的“反派”主宰她的思想和人生的，并不仅仅是她的成长环境。成年后，她遭遇了接二连三的困境。她的丈夫在美国历史上经济最困难的时期失业，这件事带来了更多不利影响，助长了她内心的那个“反派”。她要抚养自己的五个孩子及两个孙子，而且最小的那个还需要特殊照料。有时，他们只吃得起花生酱，因为付不起电费而被掐断了电源。她告诉我，她一醒来就会感到害怕和恐惧，因为在新泽西州，如果你的供电被切断，那么 CPS（儿童保护服务中心）可能会带走你的孩子。

因此，你可能会理解卡罗尔为什么会和我说以下这番话："你出身不佳，而你相信这就是你的命运。你注定要生活在贫困和匮乏之中。你嫉妒且蔑视那些有钱人，因为你觉得他们赚到的钱就是从我们这儿抢来的。"

当然，指责是相当容易的：是经济环境、总统、有钱人、精明人及其他数以百计的替罪羊助长了人们的自我怀疑和绝望情绪。这就是你用"这就是我们的问题所在"这样的想法来找借口时的情况。

当我们想要更多且这种意愿相当强烈和深刻的时候，我们会做出改变。但当我们跌入谷底时，我们也可以做出改变。希望第二种可能永远不会成为你改变的理由，是否想要更多的决定权在你自己手中。

拿卡罗尔来说，她的时间、金钱和借口都要用完了。她的住房被没收了，她没有钱，没有食物。在没有退路的情况下，她做了一件一反常态的事情，用自己的最后几美元买了一本我写的书。她的这种做法违背了她的家人、丈夫甚至她自己内心的声音。

是的，我给了她赚钱的策略，我给了她做生意的思路。但卡罗尔告诉我，她在阅读时一直告诉自己："这不是真的，这不是我一直以来相信的。"但她渐渐开始明白并意识到，她对自己说的那些负面故事都是谎言。

她阅读了我的个人经历，做了练习，受到了书中例子的启发。在此基础上，她开始改变自己的想法、自己的成功习惯及自己的故事。卡罗尔知道，她内心的"反派"曾一度控制着她的全部生活，而这没有给她带来任何好处。她有了足够的勇气去唤醒内心的英雄，让它成为引导自己的力量。

她发现自己并不需要大学文凭，也无须出身优越，做生意也不需要多少钱。她还发现自己非常幸运，因为她养大了 7 个孩子，有一位很好的丈夫，面前还有各种各样的机会。她认识到，如果她改变自己的习惯，给自己讲述新的故事，让内心的英雄掌握控制权，那么一切都会改变。她真的做到了。

有了这些认识，卡罗尔不再将自己的困境归咎于经济环境、命运或其他事情。相反，她掌握了控制权。当她这么做的时候，她身边的所有人都觉得她疯了。

她坚信自己可以变得富有。她确信自己可以做得更多。她认为自己可以征服世界。好吧，后来怎么样了呢？当她开始这么想之后，她推动了内心的英雄，使之变得越来越强大。

卡罗尔不仅开办了自己的公司，还赚了几十万美元，让自己的房子解除了抵押，又买了一栋新房子和一辆新车。她带孩子去他们从未去过的购物中心买学习用品，带他们去度假，而这在过去只存在于他们的梦中。她通过供孩子们上大学改变了整个家庭的命运。

今天，卡罗尔·斯廷森看上去比我最初见到她时年轻了 20 岁。她是一个强大的、了不起的、充满活力且备受尊敬的女商人，她永远地改变了全家人的命运，而且不只是在经济方面。她告诉他们，不同的习惯会让他们成为不同的人，要让内心的英雄掌控他们的人生。他们应该深入挖掘自己的潜力，而不是任由命运摆布。这样他们就不会在临终前说：“天哪，我本可以做得更多。”

不，对卡罗尔来说，她不会再有这种“我本可以”的对话了。对这位刚烈而了不起的女性来说，我毫不怀疑她在临终前会发现自己已经竭尽所能，而且做得非常出色。

你可以想一想本章开头那两个简明的定义。再想一想卡罗尔内心的英雄及其英勇的品质：有自信、有勇气、敢于承担责任。卡罗尔证实的另一个成功习惯则是，不要聚焦于哪里出了问题，而是开始关注解决方案。

这正是内心的“反派”和英雄的不同之处。当人们设法弄清为什么有人会患上可怕疾病的时候，当人们纠结于自己未能升职是谁之过时，或者在思考为什么合伙人偷了自己的钱以及为什么第一笔生意没能成功的时候，他们如果将精力都放在抱怨上，就会让内心的“反派”主宰自己。无论状况有多严重，当你能够接受事情发生、向前看并寻求创造尽可能好的结果时，那么一切就会不同。这就是你让自己内心的英雄焕发光彩的时候。为了让大家真正领悟这个道理，让我们来看看另一个例子。

你也许听说过 J. J. 维京，她是维京减肥（Virgin Diet）的创始人及多本《纽约时报》畅销书的作者，当然她还有许多其他杰出成就。但你或许不知道，几年前，她的儿子格兰特在走路回家时遭遇车祸，肇事司机丢下这个被撞的男孩逃逸了。实际上，格兰特当时还活着，但已奄奄一息。他断了 13 根骨头，而这还不是最糟糕的，因为他的头部遭遇了严重的创伤，而这很有可能会造成不可逆转的脑损伤。医生认为他没法活下去，但又补充道，就算他能活下来，他可能也无法行走、说话或连贯地交流了。

当我写到这里时，美国公共电视网（PBS）正在录制一部有关 J. J. 维京和她儿子格兰特的纪录片，记录他们在这次悲剧事件之后一同走过的历程。他们要求在纪录片中采访我，我欣然应允。我不确定他们想从我这里了解什么，但因为能够支持 J. J. 维京和格兰特或提高收视率，我感到非常荣幸和喜悦。他们提出的问题之一是，在我看来，从J. J. 维京和她的儿子遭遇的那种创伤经历中挺过来的最佳方式是什么。

在我还没来得及细想之前，立即出现在我的脑海并让我脱口而出的是："专注于最好的结果，尽量不要浪费精力去想这一切到底是怎么发生的，以及这是谁之过。"现在看来，对这场悲剧性事件来说，这种说法或许过于天真和轻描淡写了。但真的是这样吗？我接着解释了我的观点，当我这么做的时候，我发现J. J. 维京是在以一种专注于最好结果的方式行事。她经历的那些情感反应，是身为父母的我们接到那通电话后都会经历的。但她很快不再只纠结于格兰特能否活下来，而是在意他能否过上正常生活。她拒绝接受医生对她所说的关于格兰特的情况。当医生的看法与她理想的结果不一致时，她几乎不顾所有人的建议，用直升机将格兰特送往了另一家医院，这家医院的判断更符合她的期望，而且能够更好地处理格兰特的伤病。她做了自己不得不做的事情，一通通地打陌生电话，上门拜访，在必要的时候变得有说服力，而且尽可能找最优秀的人来帮助格兰特康复。

J. J. 维京找到了一个愿景，关注解决方案，让内心的那个英雄来掌控局面，没有什么拦得住她。

当我向纪录片记者讲述这一切时，她在我快要结束时打断了我，并说道："从你的回答来看，我猜你并不知道J. J. 维京没有对肇事逃逸司机提起法律诉讼；实际上，她甚至从来没有提起过那位司机。"我对此一无所知，但我并没有感到十分震惊。因为人们很容易怪罪他人并将精力用在复仇上。别人可能会试图让司机接受刑事审判，如果这没有奏效，那么他们可能会因为那位司机做的其他事来起诉他。J. J. 维京本可以怨恨他，而且考虑到她儿子的遭遇，她更有理由这么做。

相反，她意识到报复不会给格兰特带来任何好处，而我们只能在这个世界投入有限的精力。她知道自己应该将精力用在哪个方面，并且非常精准地专注于解决方案。她让内心的英雄而非“反派”负责掌控。内心的英雄无法阻止事情出错，也无法避免悲剧。但如果你让它出现，那么它甚至可以将你经历过的最糟糕的事情转变成更美好的生活的基石。它可以帮助你从你遇到的任何挑战中制造能量，继而利用这些能量来实现你应得的人生。

这并不是要你在出问题时因为可以从中吸取教训而感到高兴。我们不希望生活中出现不好的事情，但事实是它们的确会发生。因此，如果事情真的发生了，那你希望由谁来掌控局面呢？我想你已经明白：当然是专注于解决方案的英雄。

我很高兴地告诉你，格兰特不仅活了下来，而且恢复得很好。他顽强的意志和他妈妈对最好结果的坚持，使格兰特每天都在向着更好的人生迈进。J. J. 维京最近的新书《创造奇迹的心态》（*The Miracle Mindset*）讲述了她和格兰特的经历，以及我们可以从他们的经历中学到的教益。

既然你已经对内心的英雄有了更好的了解，我们需要做个检验，看看你应该如何培养信心，让内心的英雄来掌控局面。

信心的四个 C

让我们来回顾一下你在生活中缺乏信心并为此付出沉重代价的情况。你是否想邀请一位女孩约会，或者想和你在咖啡店遇到的男孩搭讪，但最终你一句话也没说就让那个人走了？你是否在工作中曾有机会处理棘手项目或想要开办自己的企业，但就是没有办法将想法付诸行动？抑或更简单的是：你是否曾经拒绝去健身房，只因为你觉得自己体形太差，实在没勇气走进去？我看到自信心不足毁了许多人。通常，只要人们的自信比我前述的情况下降 5%，这种情况就会发生。那么，自信心不足在过去什么时候伤害过你？如果你当时能够调动 100% 的自信心，按自己的意愿行事，那么你觉得今天你的生活会有什么不同？

理查德·罗西是个了不起的人，也是我的朋友。他在华盛顿经营着一家很厉害的公司，专门为想要实现伟大成就的高中生定制现场赋能活动，让他们通过参加活动获得改变人生的知识。当我与理查德说起他的活动时，我说："你很幸运，你的项目培养出了这么多成功的高中生。如果你能找出他们共有的特点，那么你认为是什么呢？"

他说："对此我甚至想都不用想，就是两个字——自信。"他补充道："成为超级明星的不是那些成绩全 A 的学生，只有那些拥有惊人自信的孩子才能在人生中做出了不起的事情。"

理查德的话并非来自理论推测，而是源于真实的数据、经验和成果。他看着美国成千上万最优秀的年轻人从他这里走过，而他用来形容成功的词不过是"自信"。

最重要的问题在于：我们该如何保证自信在我们需要时始终在线呢？回想一下因为发生了一些了不起的事情而让你的自信心高涨的情形。也许你在工作中、家里或健身房里做的什么事情，让你看到镜子里的自己后下意识地拍了拍自己的胸脯说："嗯，我做到了！"在那一刻，你开始认识到瞬间迸发的自信对你的心态产生的影响。

现在你已经知道，我小时候没有多少自信，因为我是班上最小的孩子，没法好好阅读，不能安静地坐着，而且常常被人取笑。因此随着年龄的增长，我不得不学会如何增强自己的自信心。经历了反复尝试和失败并在一些了不起的人的帮助下，我学会了如何从零开始树立坚不可摧的自信。你也可以做到。

但首先，你必须理解有关自信的迷思。人生来就有自信吗？也许有，但这种情况十分罕见。在大多数情况下，自信是一种需要习得的东西。无论你认为自己是“自信型”还是“非自信型”的人，你可能都是在欺骗自己，因为这两种想法均有问题。无论你现在的自信程度如何，我敢保证你还可以变得更加自信。让我们从我的导师、战略教练公司老板丹·沙利文教给我的一堂课开始，让自己的自信迈上一个台阶。

这个过程包括四个步骤，它们可以帮助你发现真正的自信是什么样的，以及为了获得自信需要什么要素。

第一步（我想我可以称为第一个 C）是勇气（courage）。所有的自信、改变及新事物都始于勇气。当一个人第一次蹦极时，让他跳下去的不是自信，而是勇气。让我们进一步考察这一品质，因为它可以帮助我们理解自信是如何从中产生的。

勇气就是在不知道门那边有什么东西的情况下迈过这扇门；勇气就是让你从凳子上站起来，举起手，加入比赛，而不是让你在一边评判或嫉妒别人。也许你还没有意识到，但你已经在生活中培养了这些勇气的力量。你有孩子吗？将孩子带到这个世界并照顾他们，是一件需要极大的勇气的事情。你不知道（也许现在还是不知道）最后的结果是什么，但你还是投身于此，边做边学。勇气存在于我们每个人的内心，哪怕它被藏了起来。如果你想鼓起勇气去做什么事，请回想一下你的 7 层深度思考练习，找到你的“为什么”。这就是核心习惯再度发挥作用的地方。当你明确了真正的目标时，你就有可能采取行动。想想我们在这一点上学到的吧：当你有了清晰的愿景时，你不会让过去的故事拖住你，而鼓起勇气的能力也会大增。所以，请聚焦你的目标和你的新故事，放松肩膀，挺起胸膛，然后说："该我上了！"勇敢去争取吧。一切都将从这一步开始。

接下来的第二步，也就是第二个 C 指的是承诺（commitment）。通过阅读本书和实践我推荐的练习，你已经表现了你的承诺。你致力于个人的改变，而任何重大的改变都需要全心投入。如果你想减肥，那么你必须坚守承诺，否则你就会失败；如果你打算开始一份新工作，那么你也必须投入进去，否则你同样会失败。

或者我们可以从相反的角度来看看第二个 C——承诺：无论是人际关系、新的业务，还是新的减肥计划，你是否在没有任何承诺的事情上取得过成功？该死，你从来都没有！如果你想要更多财富，希望人生更上一层楼，那么你应该致力于此。这并不意味着你必须将人生的每一秒都用在实现某个目标上，但你的投入也不能打折扣，宽泛的承诺意味着信心不够坚定。所以，当你有勇气采取行动、做出承诺并坚持到最后时，你已经有一半的信心了。

第三个 C 是能力（capability）。通过阅读这些内容和养成成功习惯，你获得了什么？当然是能力。还记得我们讨论过的要认清自己的现状，要对自己诚实，要找到目标以及如何实现目标等问题吗？在大多数情况下，你需要掌握特定的能力去实现你的目标。如果你打算成为一名优秀的攀岩者，那么你需要阅读由专业攀岩运动员写的书，并参加培训，聘请指导老师。如果你没有做到这些，而且缺少正确行动的知识，你就会失去继续前进的勇气，同时不会做出坚持到底的承诺。你会感到沮丧，不知所措。因此，你应该向合适的人或者任何可能的来源寻求指导。尽管这看上去似乎是显而易见的做法，但你知道吗，有些人总是会对某些事情感到兴奋，觉得尝试和试错才是最好的方法。只不过后来他们遇到了一些障碍或困难，产生了挫败感，于是停止了实现目标的尝试。然而，另一方面，只要你具备了恰当的能力，你就可以看到障碍并知道如何绕过它们，同时你也可以找到让你更快实现你想要的目标的途径。

你看，一旦你具备了前三个C并且行动起来，你最终就会拥有第四个C，那就是信心（confidence）。接着你的自信将自然而然地发展起来，你甚至都控制不了它。分别思考每一个C，看看它是如何在你的人生不同阶段给你信心的。你是否曾经害怕尝试新事物，例如在众人面前跳舞、玩高空滑索或者在公共场合发言？也许你在采取行动之前怕得要死，对吗？你很可能纠结于哪里会出错，但最终你还是做了你该做的。这就是勇气。体验结束后，你的感觉如何？没错，你一定觉得非常棒，而且你可以轻松地再做一遍！

那么承诺呢？你可能会在一段关系或工作中浅尝辄止多年，然后突然某一天，或者因为你有了孩子，或者因为你想要获得更多，抑或出于其他原因，你开始坚守承诺，而你的生活也就此有了起色。

再想一想能力。当你对某事一无所知时，这似乎会让你十分困惑。你是否试过在没有任何指南的情况下下载并使用一款全新的应用程序？你是否想要学习一门新的语言或一种乐器，但很快就感到灰心，因为你不知道自己是否采用了正确的学习方式。然而，一旦你掌握了某些能力——你可以阅读说明书、观看在线视频、聘请教练或老师，那么通过一些练习，这些活动就会成为你的第二天性。

当你为了某个目标或成果而做到三个C时，你的自信心便会暴涨，这就是拥有信心所需的四个C。当你做到这四个C从而让信心增强时，你内心的英雄便不会再被消极或糟糕的故事所压制。你的自我怀疑和内心的反抗也会就此逐渐消失，而且你将掌控一切。

你在哪些方面比较酷

无论你有多么坚强，无论你怎么发展，你的自信心都会因某些事情受到打击。你如果想要发挥自己的全部潜力，那么必须像保护价值连城的金库一样保护你的自信心。因此，当生活打击你的自信时，你需要借助工具让自信快速回升。这就是我们现在要花时间讨论的内容。

让我问问你：你在哪些方面比较酷？这个问题听起来是不是很奇怪或者比较难回答？无论你觉得你现在的生活处在什么样的水平，请不要贬低问自己这个问题的价值。第一次完成这项练习时，我是和肖恩·斯蒂芬森一起做的，他是一位身高 3 英尺（0.9144 米）的“大个子”。如果你还不知道他是谁，那么你可以搜索一下。肖恩是个不可思议的人，尽管身处我们大多数人无法想象的逆境，但他取得的成就比多数人都要了不起。当时我和肖恩说到了我正在面对的一个困难，肖恩说：“让我们把你很酷的那些方面都写下来吧。”

我回答说：“什么？老兄，让我们谈谈解决当前问题的策略，就不要试图助长我的自负心态了吧。”然而我彻底错了。回首过去，我意识到他那时已经注意到我的自信心下降了，为此他试图重振我的信心。所以相信我吧，让我们一同完成这个练习。去想一想那些你觉得自己很酷的地方吧。

我知道有件事是真的，那就是当生活充满压力的时候，我们常常会关注自己失败的地方、未能完成的事情或犯下的错误。我们往往会忘记自己曾经做得很好的事情。因此，是时候忽略失败，想想自己的成功之处了。

当肖恩第一次问我哪里比较酷时，我抓耳挠腮、不知所以。在看到了我的反应后，他把我叫了出去。他知道当时我关注的是哪里出了问题，我花了好一段时间去思考自己哪里比较酷。他不愧是一位伟大的老师，他开始试探、举例，好让我开始思考，渐渐地，我有了答案。我写下了以下这些要点。

- 在我的意识中，孩子比工作和成就更重要。
- 我上过特殊教育学校，勉强完成了高中学业，尽管如此，我还是写出了好几本《纽约时报》畅销书。
- 我可以操作推土机和挖沟机（我在从前盖房子的时候学会了这两项技能）。
- 我年轻时做过机械工，我可以拆解发动机，修理撞坏的挡泥板，还能给车喷漆。
- 我曾匿名捐款。
- 我创造了简单易懂的信息，促使他人能够在自己的人生中行动起来。
- 20 多岁时，我曾获得过新英格兰地区雪地摩托草地拉力赛的冠军。
- 我有一位五年级时结识的好友。
- 我经常试着让我爱的人了解他们对我的意义。
- 我可以在不引发冲突的情况下解决问题，哪怕有人想挑事儿。
- 经过几年练习，我已经十分擅长摄影了。我还遇到了我的一些偶像。

这样的事情还有很多。一旦我开始认真思考自己很酷的一面，它们便会一一涌现。

现在，想一想你可以写下什么。你可以在 www.thebetterlife.com 网站的“图书资源”栏目下下载简单易用的“酷事清单”（cool about you）表格；也可以发挥自己的创造力，写下你的那些非同寻常的技能及成就。你的列表可以包括自己身上任何你觉得有酷元素的事物，它们可以是你的一位很棒的朋友、你的时尚品位或你对有需要之人的慷慨相助。无论这些特点或成就是什么，请把它们写下来。你的工作、你的事业或你对待员工的方式有什么很酷的地方吗？对你的父母来说，你是个怎样的孩子？你又为自己的孩子付出了多少辛劳？抑或你为自己的伴侣付出了什么？尽管我不知道你在哪些方面比较酷，但我知道，只需稍稍思考一下，你就会发现许多可以列出来的东西。写下它们之后，你应花点时间安静地读一读你写下的东西，理解它们。在做这项练习时，我记得自己当时是这么想的："天哪，我居然有这么多很酷的地方。我有很多独特的能力，而且我实现了一些远大的目标。"和肖恩一同完成了这项练习之后，我记得我的自信心瞬间提升，因为我看到了自己的成功，而非失败。

就像分享创造内心"反派"的点点滴滴一样，现在我要分享的是替代"反派"的声音，让内心的英雄获得控制权的各种小细节。当肖恩第一次要我做"我哪里比较酷"的练习时，我觉得这就是浪费时间。这种事做起来很奇怪。但我错了，如果你也有过这样的消极感受，哪怕只有一秒，那么你也错了。你可以花点时间反思一下：你不仅很酷，而且已经实现了很多可以归功于自己的事情。

两张照片的故事

虽然接下来的这项练习看起来不太费劲，但只有努力才能产生结果。这项练习将帮助你在任何需要的时候触发自信心的瞬间提升。你可以在 www.thebetterlife.com 网站的"图书资源"栏目中下载"两张照片"（two pics）行动方案。

首先，你要找到你的一张不太好看的照片——手机里的数码照片或你藏在鞋盒里的老照片。它可能来自你人生中的某个时期，比如体重超标、刚刚熬了一个通宵、破产、失业或拍照时你看上去一团糟。这张照片代表的是让内心“反派”掌控生活的你。如果这是一张数码照片，请将其保存在你的电脑里并把它打印出来。接下来，我希望你列出与这样的你相关的负面特征，比如我很胖，我把工作搞砸了，我的心都碎了，我真的对我的姐姐感到非常生气，我一直在关注人生中有问题的方面，我因自己的问题而抱怨他人，等等。

你看，正是这些特征助长了你内心的“反派”，让它控制了你并彻底摧毁了你的自信。想象照片里的人是如何让这个坏蛋控制自己的人生并瓦解自信的。这个坏蛋一直在说：“我快要付不起房租了。我的事业没有进步。我没有多少钱。我永远不会变得富有。为什么我明早要起床呢？”这就是生活在贫乏思维和有限信心之下的人的特征。

现在，你可以将负面情绪与你那张不好看的照片联系起来，照片中的你是愤怒、悲伤、沮丧、窘迫、羞愧、不安的，还是有着其他情绪呢？接下来我希望你说出那个人的名字。也许你可以用你小时候讨厌的外号称呼这个人，你也可以造一个你从来都不喜欢的绰号，无论这个名字是什么，它一定是个不讨人喜欢的名字。

接下来，进一步创建一个完整的人物形象，用来代表消极的你。这个版本的你有哪些限制性想法或习惯？这样的你支持什么？在你的人生中，有什么是你认同的？你希望这个人身边都有哪些人？即便你从那时起就已经开始改变，也请专注于你在照片里看到的那个人——那个曾经的你。描述照片里的那个人，那个没有发挥自己全部潜力的人。

现在我们已经完成了这项练习的一半。为了做完这项练习，请再找一张照片，这张照片能够反映你的幸福、快乐和最好的你。它可能来自你感觉良好或者看上去状态最佳的时刻，也可能是在你成为耀眼的英雄、赚钱最多或者相当有活力的时候拍的。现在请写下那些英雄版本的你具有的特征。这个人是充满活力、强大、精力充沛、富有、经济稳定的吗？这个人是不是经营着自己的企业，能够掌握自己的金钱，而且神采奕奕、富有激情，同时又十分坚强呢？这个人是不是经常进行体育锻炼、健康饮食，而且与自己的孩子保持着非常好的关系？这个版本的你是不是赚了不少钱、经济独立，而且受人尊敬？

接下来，我希望你给你的英雄形象取个名字。也许你会借用数码时代的说法，称这个自己为约翰 4.0 或玛丽 5.0。然后再创造另一个形象，只是这次是一个英雄版本的形象。你的新限制性想法是什么，你养成了什么全新的百万富翁习惯？这个版本的你支持什么？在你目前的人生中，你认同什么，又完全不接受什么？想和这样的英雄在一起的都是什么人？这个版本的你是你真实的全新形象。它说明你发挥了自己的全部潜能，无拘无束，你不会批判自己，而且完全掌控着自己。当内心的英雄掌握了控制权时，到底哪个才是真正的你呢？

你要认识这样一个事实：这两个版本的你并不是完全独立的两个人。我们每个人的内心都有一头大好狼和大坏狼，一个过去的自己和一个全新的自己，一个控制着我们的“反派”和一个掌控局面的英雄。我用狼来类比是有原因的，因为决定给哪头狼喂食的是你自己，你喂给谁，谁就将掌控你的生活。

接下来，你将你的两张照片摆在一起并在下面附上你的文字描述，然后用你的手机拍下它们，这样你就可以在任何需要的时候查看这两张不同状态的你的照片。记住这两个形象，无论是视觉上的还是它们所代表的。不要只看数码照片。你可以将那两张照片（或手机照片的打印版本）贴在冰箱上，放在你工作用的抽屉里或当作你的电脑屏保！将这些照片放在易于获取的地方，因为每当你需要力量或需要调动自信的时候，你都需要用它们作为你的触发器。

为了让这个做法奏效，请感受你的形象。你必须成为那个全新的、英雄般的你。每当遇到困难而发现自己陷入消极状态时，每当你想让"反派"潜入你的内心时，请看看这两张照片，然后告诉自己："我想成为过去的那个我并让生活控制我，还是想成为那个全新的英雄的我呢？"

现在你能感觉到内心的英雄是谁了吗？内心的英雄就是那个你希望成为的自己。你会突破限制，利用你所有的潜能让自己更上一层楼。内心的英雄就是那个发挥全部潜能并且不再受压抑的你。

力量话语

这里有另一个习惯可以改变你的心理状态，让你瞬间树立信心。15 年前，托尼·罗宾斯曾经将这项练习连同其他优质课程教给了我，而它改变了我的人生。从那时起，我开始用我自己特定的方式去实践这项练习。当我掌握之后，它就成了我的救星。10 年前，我的一切几乎都偏离了轨道，至少当时看起来是这样。一名会计从我这里偷走了一大笔钱，使我的生意受到了严重影响。那时，在我童年大部分时间里照料我长大的祖母——也是我在这个世界上最爱的人住进了临终关怀中心，她的生命即将走到终点。当时，我最大的一笔收入来源一夜之间停了下来。这些还只是一小部分发生在我身上的糟心事！我对自己说着可怕的东西，翻出了过去的限制性想法。我开始这么想："也许我不够聪明，没法在这个层次上经营。也许我过去比较幸运，但现在我的好日子到头了？”我对自己说了各种消极的话，这种行为摧毁了我的自信，助长了我内心的“反派”。

但我改变了自己的心态——而且彻底改变了，触发这一改变的正是托尼教给我的练习以及我认为每个人都有的“力量话语”（power phrase）。我开始对自己说：“我如果可以挺过来，就能面对任何事情。我如果可以挺过来，就能面对任何事情。我如果可以挺过来，就能面对任何事情！”

我说了一遍又一遍。我在家里或办公室里一边踱步一边大声这么说，在清晨去健身房的路上以及在跑步机上也这么说。我说得越来越大声，对此越来越有信心，直到我的内心也有了这样的感受。这句简短的话给我的人生赋予了我想都没想过的能量。它给我的细胞注入了能量，让我有了自己什么都能应对的心态。我不再去想为什么会出错，而是专注于那些我可以做好的事情。它让我在内心的反派想要重返我的人生时一脚踢走了它。我不会让我在有了新的力量话语时发生这种事！我感到内心的英雄掌控了我的灵魂。

从那时起，我便开始使用其他力量话语来给我的人生赋予力量，而且从未停止这么做！有趣的是，这份礼物是托尼 15 年前在他的课堂上传授给我的。当时，我在日记里写道：“总有一天我要亲自感谢托尼，而且我们会一起做生意。”时间快进 15 年：现在我正在上海的一个大厅的后台做着准备，接下来我将给 15 000 名充满活力的了不起的中国人带去我的激励。猜猜谁和我在一起？是的，是托尼·罗宾斯，现在他是我最亲密的朋友之一。

我正准备在托尼之后走上台去，然而在距离上台还有大约 10 分钟的时候，我变得异常紧张。我开始质疑我自己和我的能力。因为我担心自己让托尼和其他 15 000 名观众失望，我开始焦虑。

但你猜我用什么改变了这个局面？当然是托尼 15 年前在他的课上教我的方法了。我开始在后台走来走去，重复过去我在进行公开演讲前用过数次的力量话语。我一边走，一边一遍遍地说着这句话，而且一次比一次说得更用力："我命令我的潜意识运用上帝赋予我的独特能力去影响今天的听众，为他们赋能，让他们改变。"我重复着这段话，直到我的自信提升，恐惧消退，继而我内心的英雄出现了。这种奇妙的体验让我的手臂和脸颊都起了鸡皮疙瘩。然后托尼说出了我的名字，喊我上台。托尼给了我一个大大的拥抱，我也做好了激励观众的准备。而我确实做到了！

你的力量话语可以点燃你内心的英雄，它不仅有用，而且只要你这么做，它就百分百有效。

你可以创造什么样的力量话语来帮助你克服或完成你想处理的事情？当你觉得内心的反派再度出现，让你觉得自己渺小且虚弱时，你可以对自己说些什么呢？你可以说什么让内心的英雄掌控局面呢？也许这句话和我常说的很相似，例如"没什么可以阻止我，我经历过更糟糕的事！"或"我绝不放弃，因为我的家人值得拥有最好的我！"。无论这句话是什么，请让它在你的头脑里保持活跃，以便随时调用。

现在就把你的力量话语写在手边方便看到的地方。当你因为参加一场重要的会议而感到有些紧张，需要提升自信和力量的时候，你的力量话语是什么？在和配偶就重要问题进行讨论之前，或在和你的孩子说起一件棘手的事情时，你的力量话语又是什么？在和员工或雇主讨论一个容易造成紧张局面的话题之前，你的力量话语是什么？

一旦你找到了适合你的力量话语，请选择一句，在私密的环境中一遍遍地大声说出来，例如在树林漫步、独自在家或者一个人开车的时候。你不仅要把它说出来，而且要感受每一个字。就这样做下去，直到你感到身体中的能量有了变化，心态有了改变，内心的英雄掌控了局面。这就是你发挥全部潜力，没有约束，不评判自己，完全掌控自己的样子。不要感到窘迫，没人看到。

你的心态和自信对你更高层次的成功、财富和快乐而言至关重要。我从来没见过自信心有限却依然能获得巨大成功的人。相反，我认识的所有亿万富翁、百万富翁、快乐且成功的人士不仅对自己的未来有愿景，有激励自己的故事，同时也有树立信心的能力，并且能根据需要改变心态。这意味着他们是在让内心的英雄主宰自己的生活，而不是让那个胆小的、摧毁梦想的坏蛋来主宰。现在，你也有了在最需要的时候树立自信的工具。

本章旨在将最后的匕首直刺“反派”的心脏，让最好的你和你内心的英雄获得控制权。现在，你有了这么做的工具和知识。记住，就像在健身房做一两次高强度的突击锻炼不会让你拥有阿多尼斯[①]（Adonis）般的身材一样，一两次练习也无法给你带来这样的转变。练习得越多，成为你生活中的新习惯和惯例的转变就越多。你会看到，你可以通过完全不同的方式来应对生活，而成功也会拥抱你这样的一个英雄。

为了实现这个目标，让我们深入探讨“一件事”，它可以帮助你创造你所渴望的更多的财富、更加富足和自立的生活。

① 阿多尼斯是希腊神话中的美男子。——译者注

第六章

一个宏伟的目标

我们会关注对我们人生有用的事情，也会关注那些对我们没用的事情。这在每个人的人生中都可以得到印证。我们如果关注的是无益于自己的东西，那通常会感到没有自信，不够乐观。而关注有用的事情，是我们现在就可以发挥的一项非常、非常了不起的天赋。

——阿里安娜·赫芬顿接受迪安·格拉齐奥西访谈时所言

本书中绝大多数的百万富翁成功习惯都是从我25年的企业家生涯及这个世界上最成功的一些人身上学到的，它们可以让你的收入、财富、幸福和人生发生改变。这些习惯不仅能够帮助你获得大量财富，而且能让你体验到人生中的各种美好。

在本章中，我希望更加深入地探讨提高你的财富水平的机遇，无论这是否涉及追求事业、开办自己的企业或让自己变得更好等做法。在这个匆忙的世界里，我们会被众多的机会和选择淹没，以致除了停滞不前，我们什么都做不了。

你之所以会阅读本书，是因为你希望获得更多的财富，我猜你已经对实现这个目标的方向有了一定的想法。也许你只是害怕行动罢了。又或许你只是想弄清到底应该如何行动。因此，在本章中，我将帮助你确定实现个人富裕和创造财富的明确路线。沃伦·巴菲特曾经说过："和成功人士相比，真正成功的人几乎会对所有事情说'不'。"因此，让我们深入挖掘，看看你该对生活中的哪些事说"是"，又该对哪些事说"不"。

与此同时，我还将帮助你避免因为"我做不到某事"的心态而说"不"的错误。当你养成了恰当的习惯并且有自信的时候，真的没什么是你做不到的。同时，我希望将本章献给我的导师丹·沙利文。他致力于服务他人并通过自己那了不起的战略教练公司来帮助他们发挥自身的全部潜能，他向我传授了许多很棒的工具和练习方法，很快你就会在后文看到。40 年来，丹始终在为世界各地的顶尖企业家提供服务和培训，并且给我的人生带来了重大影响。丹，我要谢谢你给予我的指导和礼物。这些工具不仅十分强大，而且帮助我处理了新项目，它们让我理清了思路，并因此创建了许多成功的企业。

你的“做到最好”清单

现在，我希望第三章的那项名为“做到最好”的练习，它可以帮助你做到两件事。首先，它有助于你发现你不该做的事情。其次，它可以打开你的视野，让你看到真正适合你的机会，帮助你获得更大收益。你可以在 www.thebetterlife.com 的“图书资源”栏目下找到这项“做到最好”练习，也可以将它分享给你的亲朋好友。

首先，回答以下问题：你喜欢做什么？什么会激发你的热情？什么会让你心思活跃、面带微笑、自信倍增？你喜欢谈判吗？你喜欢帮助他人吗？你喜欢解决棘手的问题吗？你喜欢数学、科学、艺术还是文学？你愿意冒险吗？你喜欢体验冒险的感觉吗？你喜欢解决冲突吗？你喜欢销售吗？你喜欢市场营销和广告吗？你喜欢发明创造吗？

花些时间想一想你喜欢做什么。我们之所以常常忘记自己热爱什么，是因为我们总是被日常琐事所困而忘记了自己的热情所在。列出五六件你热衷的事情，接下来，想一想你真正擅长其中的哪一件。当你不在场的时候，你的朋友、同事或雇员会怎么谈论你，他们会说你擅长什么？

他们是否会说你看到问题就会解决？他们是否会说你做事细致，

三思而后行？他们是否会说你具有尝试新事物的能力，敢于冒险，是个明智的冒险家？也许你擅长解决问题，创造和推进新的想法，或善于把事情做成。我不知道你的长处是什么，但你一定有。写下你想到的。

接下来我们要谈一谈钱，而且是赚大钱。在你的人生中，只要你付诸行动就能为你带来最大回报的事情是什么？是推动现有职业的发展，开办自己的企业，还是让现在的事业更上一层楼？是在当前的工作中获得提拔，获得一笔贷款，还是聘请营销专家来帮助你提高销量？无论是什么，在你的人生中，让你破费最多的又是什么？好好想一想，然后把它写下来。

下一步请列出你的财富目标。之前你已经在第二章“你的现状如何”和“你的目标是什么”部分明确了你的目标。那么你的财富目标是什么？看看之前的列表，将这个目标细化到收入层面。你是否想攒一笔钱，好让自己早点退休，帮助父母，保护家人？你想住在哪里？你希望在哪个地方花多少钱买房子？买下你的梦想家园需要花多少钱？你想为自己工作吗？如果是，你的目标收入是多少？你想雇用更多员工吗？为了支付他们的薪水，你需要多少收益呢？你想卖掉你的公司吗？如果想，你打算卖多少钱？

然后，我想让你思考：为了实现这些目标，你需要从今天开始采取哪些行动？这些行动步骤可能是一小步、一小步的，而且在大多数情况下都是如此，但为了产生动力，你必须朝着那个方向迈出这样的步伐。正如小克赖顿·艾布拉姆斯[①]将军说的那样：“如何吃掉一头大象？一次一口。”那么如何跑完100英里呢？一次迈一步。那么你又

① 小克赖顿·艾布拉姆斯（1914—1974）是美国著名陆军上将。——译者注

该如何让你的财富提高一个水平，开创新的事业，换一个新工作，获得提拔或推动你的公司发展呢？一步一个脚印，而你可以从今天就开始。那么你该采取什么行动？你必须发什么电子邮件？你要把哪些消极的人从你的生活中剔除？你希望吸引什么样的人走入你的生活？你想拒绝什么？把它们都写下来。

现在，你已经列出了所有你喜欢做的事情、所有你擅长的技能和领域、最费钱的活动、你的财务目标以及你为了实现这些目标需要采取的行动。是的，这项练习涉及你生活的方方面面，但现在我们只聚焦在钱的问题上。

最后，我希望你花些时间仔细看一看列表上的所有项目。任何不在列表上的项目很可能都需要列入为了赚更多钱而不能做的事项清单。对你的成功而言，不做清单可能比待办清单更重要。这种强大的成功习惯将为你敞开大门，将你的人生提升到一个新的水平。那么，因为既无助于你的未来，又无法帮助你成为最好的自己而应该放入不做清单的事情有哪些呢？

为了帮助你明确哪些事情可以放入你的不做清单，这里提供了几个常见的例子。

- 每周和那些情绪消极且会让你消沉的朋友出去玩两天。
- 一开始上网是为了交费，但最后却变成浏览网页、看八卦新闻和负面报道或做其他浪费时间的事情。
- 拖延自己的新事业，因为你不清楚一开始该做什么。
- 在沙发上或健身房（这是有可能的）花费过多时间，或花太多时间就无意义的事情与人争辩。
- 在你有能力花钱请别人来给花园除草，然后用这些时间去实现更重要的目标的情况下依然每周自己除草，或做其他浪费时间的日常琐事。

它们就是蚕食你的时间的不做清单。如果你希望在人生中获得更多财富，那么这些都是你不可以去做的关键事项。因此请写下你的不做清单，并且记住它们，这样每当你打算做这些不利于你变得更好的事情时，你很快就可以让自己停下来。

一旦完成了你的不做清单，接下来你就要完成另外一件与此相关的事。在每一项的旁边依次写下这五种应对方式：清除、自动化、外包、委托、替代。

以前述不做清单里的第二项为例："一开始上网是为了交费，但最后却变成浏览网页、看八卦新闻和负面报道或做其他浪费时间的事情。"你可以这么写：自动支付账单。为此，你可以花点时间设置自动转账；也可以委托你的家人或员工来处理所有账单，每月和他们核对一次。对于上网冲浪，你可以这么写：不看负面新闻或用积极向上的信息代替它们，这些积极的信息能够助力我实现目标和我的"为什么"。

当你打算用赋予你力量的事物去代替那些不利于你的事情的时候，你就更容易改掉这些坏习惯。因为这为你提供了一种工具，它可以让你找到最好的行动方案，摒弃那些不做事项，然后用赋予你力量的成功习惯取而代之。

在我认识的亿万富翁或百万富翁之中，没有一个人讨厌自己做的事情。他们都在做自己喜欢和擅长的事情，而这可以激发他们的热情。他们都找到了那些让他们可以赚到足够多钱的事情。他们有自己的目标，知道自己要去向何方。他们每天都在用实际行动向自己的目标和抱负前进。你越这么做，就越知道哪些是你不该做的，这样你就可以着手消除人生中的不做事项，因为它们既无法推动你的事业前进，也无法助力你获得更多收入。

在本书的开头，我已经告诉过你，我并没有神奇的印钞机。然而，你或许有，而且在大多数情况下确实是有的！为了激活这台机器，你应该消除那些你不该做的事情。我很喜欢这样一句话：“我宁愿给A级球员一个B级机会，也不愿把A级机会给予一个B级或C级球员。”你有成为A级球员的能力。你的脚下是一个又一个机会，它们可以将你的人生、财富及富足程度提升到一个新的水平。该怎么去做呢？请务必远离那些你不该做的事情，聚焦该做的事情。

克服恐惧

新的人生阶段或陌生环境总会让人害怕。从幼儿园升入小学一年级很可怕；从小学升入中学很可怕；从高中毕业去上大学也很可怕；第一次约会、订婚、结婚、生孩子、买第一栋房子、开始新工作、过上新生活、结识新朋友，甚至三岁时骑自行车，这些都让人不安。你明白我的意思：每一次改变，每一个新的阶段都很可怕！

但是，当我们从这些可怕的变化中挺过来时，我们就实现了最大的突破，不是吗？我们的新阶段总是在困难的另一头，而且总是在挑战的另一头。那些害怕经历挑战的人正是那些在生活中停滞不前的人。

你认识多少这样的人，他们一度事业蒸蒸日上，收入不断增加，人也越来越快乐，但后来却遇到了困难？也许他们遇到了无法克服的障碍或不知该如何应对的挑战。更有可能的是，对困难或挑战的恐惧让他们止步不前。然而他们不知道的是，其人生的更高阶段很可能就在那些将其困在当下的障碍的另一头！

让我们开始 D. O. S

那么，你该如何克服对创业、事业发展、升职或事业更上一层楼的恐惧呢？你的选择有很多，“D.O.S 对话”便是其中一种——这几个字母的意思分别是危险（danger）、机遇（opportunity）和优势（strength）。这是我多年前从丹·沙利文那里学到的，也是我要将本章献给他的原因。我在丹的最初理念的基础上做了一些改动，使它更符合我们当前的目的。

为了完成这项练习，你可以自己创建一个三列表格，以 D.O.S 作为表题，然后在第一行的左栏、中栏和右栏分别写下“危险”“机遇”“优势”。

在这一页的最上方写下你的财务目标，例如开始在线培训业务，第一年实现 10 万美元的利润。无论这个目标是什么，它都必须符合你的具体情况。

现在，我希望你想一想与你自己设定的目标相关的所有危险因素和恐惧。危险是因为你没有钱开始、竞争太激烈或者你觉得自己可能不太聪明？你是不是担心自己得不到家人的支持？或是害怕如果过分在意钱，也许你会变成另外一个人？

无论你面对的危险和恐惧是什么，请立即将它们写下来，想一想阻碍你实现目标的是什么。这样你就可以清楚地看到让你无法采取行动的恐惧，它们就是那些在开办企业或拓展业务等方面拖你后腿的事情，甚至是一些让你赚不到更多钱的事情。

接下来，转到“机遇”这一列，调整心态，只考虑乐观的想法。在开创事业方面，你现在拥有怎样的机会？是什么让你对写在页首的目标感到兴奋和充满动力？这是一个你觉得自己可以做得很好的利基市场吗？它会给你带来你所期望的安全感、自由及和家人相处的时间吗？它最终会让你彻底改造自己，辞去不喜欢的工作，让自己的公司更上一层楼并最终获得更多收入吗？仅仅是想想这些机会，就会让你兴奋不已。

既然你已经发现了危险和机遇，那么现在该看看你的优势了。你的哪些优势可以帮助你实现目标？你可以借鉴我们之前所做的“酷事清单”练习的答案，或者想一想和事业相关的新答案。或许你擅长人员管理，或许你是解决问题的高手。或许你是个行动派并因此得到了他人的尊重，或者正在阅读本书的你在将知识转变为智慧方面很有一套，而这可能就是你的优势之一。也许你是一个有恒心的人且从不拖延，或许你的学习能力很强——在阅读和学习了某些知识之后，你很快就能将它们运用到实践中。

现在，你可以从这张列表中清楚地看到你的危险、机遇和优势。这就是练习的作用。你会看到，危险的确存在，但这就是进步的代价，在这里及生活的其他方面都是如此。但我希望的是这项练习能够帮助你在这张纸上一眼看出，你的机遇和优势通常都大于你的危险。所以骄傲地站起来，大声地——甚至拍着胸脯说：“我绝不会让这些危险妨碍我自己的人生和积累财富的机会！”你希望这些机会消失吗？或者更糟糕的是，你希望像过去一样错过把握它们的机会吗？你当然不会。实际上，你有很多选择来实现你真正的目标。这些让你能够赚到更多钱、保护家人以及过你想要的生活的机会就在当下！活在当下，把握现在。

独特能力环

现在你有了一个具体的目标，这个目标可以让你赚到最多的钱，同时能够将你的财富水平提高一个层次，而我们必须找到为实目标而腾出时间的有效办法，并发现你人生中的哪些领域最有利于实现这个目标。而做到这一点的方式就是创造你的独特能力环（unique ability circle）。同样，独特能力环及我在这里分享的许多其他方式都是丹·沙利文了不起的智慧结晶。

你可以参照以下指导创建自己的独特能力环。拿出一张纸，在纸的中间画一个小圆圈。接着在它的外围再画三个圆圈，形成三个圆环。在最里边的圆圈中间写下“独特能力”，然后在从内到外的三个圆环中依次写下“优秀的”“良好的”“糟糕的”。

这些圆环代表了什么呢？位于圆心的是你的独特能力，也就是你在这个世界上最擅长的事情、让你心潮澎湃的事情、让你赚最多钱的事情或者让你感觉最好的事情。而当你从这个圆圈向外移动的时候，你就会开始远离那些能够让你的人生和收入以最快速度增长的事情，最终将注意力集中在那些让你始终忙个不停的事情上。这就好比你在跑步机上跑步，但一直没有前进。

为了理解这是怎么一回事，让我们对“独特能力”部分做一番深入考察。你的独特能力是你的财务“甜蜜点”——它赋予你的能力可以让你尽可能赚到最多的钱。当你处在独特能力环之中时，或许你每小时可以赚 500 美元、1 000 美元甚至 2 000 美元。无论这个数字是多少，当你在做你喜欢的事情或你来到这个世界注定要做的事情的时候，你就能赚到最多的钱。

我会从“投资回报”的角度看待我的时间，而这是一个不可思议的成功习惯。例如，我花钱让不同的人为我做不同的事情，这些事情都不在我的独特能力环之中。如果我可以花钱请其他人来为我修剪草坪，然后将空出来的时间用于我的独特能力领域，同时我还可以对经济有所贡献，给其他人赚钱的机会，那么我就没有任何理由要自己除草。在别人为我修剪草坪和打理院子景观的同时，我可以发挥我自己的独特能力。我从投资中获得了可观的回报，而且每小时的收益是我自己修剪草坪的成本的好几倍！当你专注于自己的独特能力时，你在时间上的投资回报率会十分可观。

这里有一个简短的故事可以让你明白这个道理。在我首次投资房地产的时候，我打算将精力、努力和我仅有的资金全都投入一栋老旧的大厦，然后将它改造成 9 间小公寓。项目完工后，接下来的工作就是维修和养护。这栋大楼前有一块面积相当大的草坪，每周六我都要花大量时间来修剪它。有一次，我花了 50 美元请人来为我做这件事。而就在那天，我的父亲正巧顺路过来打招呼，当他发现修剪草坪的是别人，而且我还为这项服务支付了 50 美元劳务费的时候，他立刻火冒三丈。他说："我不敢相信，你居然花钱请人来为你修剪草坪，你自己不能做吗？你这样会破产的！你又不是修剪不好你的草坪。"

我知道这是我父亲当时的"想法"，而他这样的反应完全是情有可原的。他出生于经济大萧条时期，成长于物质匮乏的时代，因此会形成这样的思维模式。他不喜欢借钱，他凡事亲力亲为并以自己的惯用方式处理他的事情。不幸的是，这妨碍了他赚大钱的机会。他很聪明，也很勤奋，但这远远不够。他的这种想法让他的收入固定在每年不超过 3 万美元的水平，而且任凭他如何努力也没有起色。他就这样原地踏步了许多年。幸运的是，我让他摆脱了这个局面。从那之后，他改变了许多，尽管当时他有些气急败坏，开着车飞快地走了，快到车轮在院子里掀起了沙土，而且连“再见”都没说。

我因为父亲生我的气而感到懊恼，但我知道他是错的。从前，给修剪那片草坪要花我半天的时间。当时，我的工作是维修坏车然后出售，同时我也在寻找下一笔房产交易的机会。在我花 50 美元请人修剪草坪的这半天时间里，我可以维修或卖出汽车，也可以做一笔房地产交易，因此赚到的钱远不止 50 美元。我修理和销售汽车的半天时间价值 500~1 000 美元，甚至更多。因此，当你可以付钱请人做你不擅长的事情，或者花钱请人帮你完成一些事，而你获得了投资回报时，你就可以集中精力去做那些能让你赚到最多钱的事情。

我一生都抱着这种想法。有些不明就里的人说：“迪安，那是因为你有钱，雇人做事对你来说很轻松。”然而回首过去，我发现，即使没有多少钱，我还是会花钱请人帮我做自己不擅长的事情。从小我就知道，如果我可以雇一个私人助理来帮我预订行程，送取我的干洗衣物，帮我买生活用品，打理我家里的事情，那么我就可以发挥我独特能力环内的能力，尽可能赚到最多的钱——也就是最大投资回报。当我第一次聘请助理时，我终于有时间来做自己擅长的事情，也就是那些在我的独特能力环中的事情。最终，这个理念帮助我聚焦于舞台演讲、写书、教育、做更大的房地产交易以及与人打交道等。反过来，这些活动又可以帮助我把事业做得更兴旺、更发达。

这种独特能力环尤其适合当今世界。你可以让实习生或远程虚拟助理来帮助你，他们愿意为了积累经验而接受微薄的报酬。实际上，我可以给你列出一长串非常不错的供应虚拟助理服务的公司，它们可以为你完成一些小型项目，让你从这些事情中解放出来，去做你独特能力环中的事情。

想一想你是如何支配自己的时间的。为了接受那些给你带来最好的感觉及最丰厚的金钱回报的事情，你应该拒绝哪些不在你独特能力环中的事情呢？我可以向你保证，当你学会拒绝那些无法将你的财富水平提高一个层次的事情时，你会发现自己实现收入目标的速度比想象的更快。

你如果花时间（我希望你已经这么做了）制作了这个形象的圆环，那么现在可以开始填写它了。你认为自己有什么独特的能力？接着再填写其他圆环：你在哪些方面表现优秀？在哪些方面做得不错？而在哪些方面又表现得比较糟糕？你还可以列出每件事情的小时费率。

根据丹·沙利文的指导，我们要像剥洋葱一般地剖析独特能力环。每个星期、每个月、每年，你可以一点一点地剥开它，而那些外层的事情就是你不该做的。最终，你将剥开洋葱的核心，也就是你该做的事情。这项练习可以让你每天拥有更多时间，让你用更少的时间赚更多钱，同时让你做你该做的事情。

鸿　沟

现在，你明白了致力于你的独特能力领域的价值。你会发现，当你从事的工作能够激发你的热情并让你获得更大回报时，你的上升过程会变得相当轻松和顺畅。理论上，你将永远不会陷入恐慌，也不会感到没有保障。我多么希望事情真的能这么简单！尽管我非常希望这是真的，但事实却是我们常常会在某个时刻陷入恐慌。我们都会自我怀疑，认为自己不够好。我们大多数人常会旧病复发，产生我们没有发挥自己全部潜力和我们做不好某事的想法。

由于我知道这种情况的确存在，所以希望大家还能再做一项练习，这项练习被丹称为“鸿沟”。鸿沟就是我们陷入的恐惧，它会阻止我们前进的脚步。对你来说，重要的不是它是否会出现，而是它会在什么时候出现，而你又能以多快的速度走出来。

我曾经失败过吗？当然！我在一生中经历了太多失败，不过我做得最好的一件事就是我失败得快，恢复得也很快。有一种方法可以让你迅速摆脱恐惧，运用战略步骤回到正轨，而这也将成为你的习惯。让我们面对现实吧：我们总是会追求理想化的结果，甚至更普遍的是追求完美。我们追求完美的财务状况、完美的身材，我们希望成为完美的父母、完美的伴侣——我们希望自己方方面面都完美。你明白我的意思是什么。

当你在健身房健身并且看起来很不错的时候，你停了下来，发现自己与配偶相处的时间太少，于是批评自己忽视了所爱之人。也许你的亲密关系经营得还不错，但你讨厌你的工作或者赚的钱不够多，并因此很长一段时间都和自己过不去。又或者你赚了很多钱，但你没有成为你一直希望成为的家长，为此你痛斥自己。为什么会这样？

在人生中，我们都会有自己的重大成就。但你上一次为此而庆祝是什么时候？你上一次为自己的目标而努力，最后停下来在心底恭喜自己是什么时候？你上一次说“我要在接下来的90天里做某事”并且因为做到了而奖励自己是什么时候？我敢打赌你已经很久没有这么做了。

在我们的文化和社会里，当实现了自己的目标时，我们会立即将目光放在自己尚未完成的下一件事情上。也许你在过去一年获得了晋升或者开创了自己的事业。你本该为此而庆祝，但你的反应却是：“工作或事业上的进步确实值得高兴，但是我忽视了我的孩子。我需要更多地改善我和孩子们的关系。”接下来你便致力于培养你和孩子的感情，但后来你又低头看了看你的肚子，发现自己有些超重，于是你说："现在我和孩子更加亲近了，但看看我的肚腩都大成什么样了。"

我们开始在头脑里创造一个虚构的、完美的人，但自己总是无法做得那么完美，因此我们很快就被推向一条鸿沟。这就好像我们始终在追逐落日，无论向西走得有多快，我们都无法追上落日。这就是试图达到想象中的完美状态的情况。我们追逐着不可能的任务，并因此感到失望和沮丧。

我希望你们可以这样想。当我们把自己和想象中的完美自我进行比较时，我们总是达不到标准。当我们把自己和我们眼中的别人相比较时，我们会失去自信，陷入恐慌。我们会说"我永远不可能拥有像邻居家一样温馨的完美家庭"，或者我们会说"我可能赚了我想要的钱，但还是没有约翰或玛丽赚得多"。在大多数情况下，我们并不知道别人在生活中都经历了什么，也不知道他们关起门来都做了什么，既然我们不知道真相，为什么还要拿他们做自己的榜样呢？因为这不过是我们许多人养成的一个习惯，它会让我们觉得自己没有约翰或玛丽那么能干、成功、富有或明智。

因此，无论这种恐惧来自与完美的自己的比较还是与完美的他人的比较，你都可以通过以下方式快速而有效地走出这个比较黑洞。首先，看看你现在的处境。你实现了什么成就？你完成了什么？你在哪些方面做得很好？无论你是觉得自己掉入了感觉不够好的鸿沟，还是认为自己做得不够好，这里的秘诀都在于回首过去。回忆你在过去的人生旅程中所做的一切，是它们成就了今天的你。再看看那些曾经阻挡你前进的坏事，而你克服了它们，挺了过来。你在自己的一生中其实已经完成了很多了不起的事情！

你要看到自己的进步，让内心充满对你所做之事的赞许之情。哪怕你想到了自己过去犯下的错误，你也要认识到自己已经克服了它们，而且现在已经无所畏惧。你并没有放弃，也没有躲藏。你还在继续前进，继续努力，你还在坚持，而且还在读这本书，这真的十分了不起!

如果我要和成千上万人共聚一堂，我希望你也在其中。为什么?因为你选择阅读这本书，这意味着你希望自己的人生有所进步。这已经很能说明你是个怎样的人了，因为大多数人甚至都不会这样努力。因此，当你试图追求更高的目标或完美的自己，却因此陷入恐惧的时候，你应该停下来，在精神上回首过去，提醒自己你是个多么令人印象深刻的人，以及你曾经做了多少事才成就了今天的自己。

如果你可以越快地养成回首过去的习惯并将注意力放在你已经走了多远，而不是拿自己做比较或责备自己，那么你就会越快地消除因比较或责备而生的恐惧。当你可以快速走出恐惧的时候，你就有能力更快恢复常态，重返正轨，为实现你真正的愿景而努力。试想：你知道理想的人和完美的自己为什么会存在吗?这不是要你用他们来评判你当前的状态，或者因为未完成的事情而责备你自己！不，他们是让你用来作为目标的参照对象。如果你现在正在指导你的孩子所参加的小球队，你突然看到了自己突出的肚子，你不应该斥责自己："呃，我胖了，我真的不敢相信。我有多么懒?"不！你只能将你看到的孩子们的身姿作为你的新目标！你不可以批判自己，而要去做那些需要你引起注意并采取行动的事情。你应该对自己说："在接下来的两周内我要减重 5 磅。对了，我还打算每周在跑步机上锻炼 3 次。"这么说比"我很胖、很失败"好多了吧?这里的秘诀就是从你的理想版本中提炼出目标，但千万不要将自己与理想版本相比较。因为这完全是两回事。

我们在这一章讨论了很多，但我希望你能够记住的是确立一个宏伟的目标，记住它如何让你实现财务上的自由。如果你在头脑中确立了这个目标——如果你已经明确了自己该做什么和不该做什么，你就会实现你梦想的富裕生活。我在此前分享的练习——D.O.S 对话、独特能力环和鸿沟练习——都可以帮助你实现这个宏伟的目标。这个目标就是暗夜里的灯塔，它的光芒将引导你向它靠近。

当然，只有光芒是不够的。你不仅要知道自己要去向何方，而且需要更多要素让自己走得更快、更稳。在下一章中，我将和大家分享其中的两个要素：吸引力和说服力。

第七章

吸引力和说服力

如果你想拥有自信，你就得树立信心。你要将信心从你的内心提取出来并不停地召唤它。你要让这一切发生，让它发挥作用。你做得越多，一次又一次地这么做，你就会变得越来越自信。这样，在许多不同的情况下，自信就是水到渠成的事。没有人可以每时每刻保持极度自信，而且也无须这样，否则你就学不到新东西了。

——布兰登·伯查德接受迪安·格拉齐奥西访谈时所言

创造金钱的组合

让我问你一个问题：在追求更多成功和财富的过程中，吸引力和说服力有多重要？对我来说，没有什么比它们更重要。如果你没有能力吸引合适的机会和人，也无力说服他人和自己去行动，那么即使你有一个好点子，它永远也不会得到落实，更别说开花结果了。如果你已经认识到这一点，那么你可能会点着头说："见鬼，是啊，迪安。你真是太了解它们的重要性了。"现在请让我为尚不明白这一点的人解释一下为什么这很重要吧。

当我回顾我在商业上的成就和成功时，我发现吸引力和说服力是我所掌握的两个最重要的习惯，它们将我推上了一个蓬勃发展的阶段，而这在年轻的我看来几乎是不可思议的。我始终受益于这两项能力，进而创造了巨大的动力并获得了丰厚的收入。

我曾经一次又一次地看到人们低估或忽视了吸引力和说服力这两笔重要的财富。相信我，过去我之所以曾在这些方面惨遭失败，就是因为我没有认识到它们的重要性。你大可以用你所有的时间来经历我过去的失败。但我们都知道，你非常明智，不会这么做。因为你的手中有这本书，你可以从我这里获得一些经验，它得益于我多年来对这两笔财富的精心调整。

在我深入探讨吸引力和说服力习惯之前，请允许我向你保证，我不会给你提供所谓的宣传手段，让你推销产品或服务时“毫不费力”。这并非本书的主旨，因此我希望你现在能认识到这一点。这些习惯是为了让你深入下去，打好基础，让你变成更好的你并让你的财富水平更上一层楼。

因此，让我们先来定义这些概念。我们首先要明确的是：吸引力和说服力实际上不过是营销和销售的优雅表达形式而已。对于这两个概念，这里有两个我曾经听过的最佳定义：营销就是“吸引你在生活中想要的东西，同时排斥你不想要的”，这些东西可能是客户、潜在买家甚至人际关系；销售则是“让人们对你希望他们采取的行动投入感情”，无论这项行动是购买某样东西，接受你的出价，还是同意使用你的服务，或是答应与你合伙或建立关系，等等。此外，如果你让他们采取行动去做一些可以改善其生活的事情，你就真的打出了一个“本垒打”①。

我认为这两个都是很好的定义。而我的计划就是让你在读完这一章后去找一找进行市场营销和销售的方法。

然而真正的问题在于，一些人不希望被贴上营销或销售人员的标签。

让我这么说吧：马丁·路德·金有没有采用营销策略让人们听从他的号召？当然！那么当人们听从他的号召时，他是不是将自己的理念兜售给了他们呢？没错！那么如果我们从来没有领会他的理念会怎样？如果他不擅长吸引听众的注意力和说服他人，没能将美国往更好的方向推进呢？特蕾莎修女、甘地、本杰明·富兰克林及托马斯·杰斐逊是天生的营销和销售人员吗？如果他们不是这样的人，你甚至不

① 本垒打是一个棒球术语，是指击球员将对方来球击出后，击球员依次跑过一、二、三垒并安全回到本垒的进攻方法，是棒球比赛中非常精彩的表现。——译者注

会知道他们的名字，也不会知道他们给这个世界带来的不可思议的影响。以道德的方式推销自己就是让这个世界运转起来的动力！或者我们还可以看一看商界的例子，你不觉得苹果或微软公司每时每刻都在使用说服和吸引的艺术吗？它们玩转营销的能力无人能及！你之所以会爱上苹果手机，可不是偶然。

这里有一个我多年来领悟到的真理。如果你打算开办一家新企业，或者在公司内升职，而你害怕营销或销售，那么这意味着两件事：你不会达到你想要的成功水平，同时你对营销或销售的理解完全错误。

当你知道自己是某个角色的完美候选人，或者你有一款相当不错的产品或服务——好到如果你不能让人们得到它，你就觉得对不起大家，这个时候你应该觉得自己有义务疯狂把它推销出去，或者雇一个擅长这项工作的人来做这件事。如果你依然对这些事情感到紧张，那么也许你需要进一步激发你的热情或改进你的产品或服务。

销售的必要性适用于生活中的方方面面。以亲密关系为例，你如果还是单身，就会寻找合适的对象并设法吸引对方。一旦吸引了某个人，你就会希望说服这个人与你约会，然后约第二次。这样一来二去，你们如果彼此相爱，就会结婚。你并没有以不道德的方式说服对方，相反，你表现出了最好的自己，让对方看到了你可以给他们或这个世界带去的所有积极品质。我敢打赌，如果你害怕营销和销售，那么你一定是在生活的其他方面遇到了困难。

如果你不愿意向别人推销自己，也不希望向别人推销你带来的价值，那么你需要深入自己的内心去找找原因。也许你需要改进你自己、你的产品或你的服务。无论你想从生活中得到什么，如果没有吸引力和说服力，那么一切都不会奏效。不过，这一切都得从相信你的产品和相信你自己开始。最精彩的地方就要到了：无论你觉得自己在这方面做得有多好或多坏，我都将在本章为你提供一些简单有效的习惯，帮助你变得更棒。这个过程比你想象的要简单得多。因为这一切都始于做最好的自己，而非其他版本的你。让我来解释一下原因。

最好的营销与销售

销售人员会干坏事吗？当然！如果你卖的是毒品、烟草或其他可能伤害他人的东西，那么销售技能显然是用在了不好的地方。

但是，如果你不擅长销售——对此我表示怀疑，那么想想吸引力与说服力在使用得当和用来改善人们（包括你自己）生活时所发挥的力量吧。在舞台上和摄影机前推销时，我知道我的书可以让你的人生更上一层楼，我的演说饱含激情并传递了我真正的意图。如果你知道自己做的是正确的事，那么你会觉得自己在道德上有义务推动别人去付诸行动。

如果你有办法说服你爱的人戒烟并挽救他的生命，难道你不会尽你所能说服他吗？你应该劝说他，想尽一切办法让他戒烟。如果你爱赌博，而我有办法阻止你毁掉自己的人生，那么我会尽己所能让你戒赌。你必须对你的事业、你的产品及你自己形成这样的感知。当你开始这么想的时候，你便不会觉得自己是在营销了。因为归根结底，这并不是为了一己私利而使用花言巧语或做出虚假承诺，而是为你的人生吸引合适的人脉与机会。这是说服你成为最好的自己，同时说服其他人做你希望他们做的事。因此，让我们对几种不同的习惯做一些讨论，你可以将它们融入你的生活与事业，从而掌握吸引和说服的艺术。

人人都渴望得到理解

那么，我该如何说服他人为我工作、接受我的建议、买我的东西或向我学习呢？我又该如何吸引合适的人来参与这些事情呢？

当人们觉得自己被理解——而不是当他们理解你的时候，他们会学习你、听从你、热爱你、买你的东西甚至雇用你。这是我推荐的第一个方法，它已经让我在电视上面向全世界的观众进行了超过15年的教学和推销，让我吸引了合适的人，完成了大宗交易并创办了好几个价值百万美元的公司。让我们沉下心来想一想上面的话，如果你愿意，你还可以把它大声说出来。你也可以把它写下来，用醒目的方式标记它，并在旁边画上--颗五角星。“当人们觉得自己被理解——而不是当他们理解你的时候，他们会学习你、听从你、热爱你、买你的东西甚至雇用你。”

当人们觉得你懂得他们时，他们更有可能因为你而采取行动或与你一起行动。然而，我发现大多数销售人员和生意人完全忽视了这一事实。他们总是一直说个不停，但很少完全静下心来聆听对方。大多数人在会面时只会一味地推销、推销、推销，他们希望别人理解自己，或者希望证明他们提供了某种好处，但他们不会首先去理解桌子另一边的客户或其他人。这是大多数人犯下的最大错误。他们向来过分专注于解释他们带来的价值，以及他们自身或其产品好在哪里，但他们并没有着眼于他人或客户的真正需求。

当“我”这个词在会议中、舞台上甚至亲密关系中频繁出现时，你可能已经发现说话者注定要失败。相反，那些沉着自信的人、做成交易的人以及拥有良好人际关系和很棒的朋友的人都“懂得这一点”，都知道懂得他人才是成功的关键。他们之所以能吸引别人，是因为他们能让别人觉得自己得到了理解，但他们不会试图让别人去理解他们。

显然，你需要在交谈中运用“我”来表达你的观点。我之所以在本书中应用这样的词，是因为这是唯一能与我的经验和教训相联系的方式。尽管如此，这本书并非为我写的，而是为你所写。我希望你可以感到我是理解你的，因为我曾经处在你当下的状态，曾经面对并克服过你现在遭遇的困难，如果你能够从这些经历中有所收获，那么你也可以像我一样做出一番了不起的事情。

下面是一个感到被理解和理解他人的例子。这个例子可能会让我要表达的内容变得更清晰。假设你到了一个汽车经销店里，一位销售人员走向你并对你说：“我在这里已经卖了 18 年车了，我是这里的最佳销售员。看得出来您是一位明智的消费者，希望买一辆可靠的汽车，而这就是最适合你的品牌。您知道吗？这辆车的油耗是最合适的，而且有后置摄像头，同时速度确实很快。”这会让你觉得被理解吗？或者你只是觉得这个人说了一通有关产品好处和他自己的推销词？他只是想让你知道他和他销售的东西有多么好。这就是你想躲避的销售人员，对吗？

试想一下，如果这个汽车销售员走向你，然后问道：“是什么让您周日来我们这儿？您周末过得好吗？您的家庭是什么样的——您有几个孩子？您的需求是什么？您想买一辆什么样的车？您最看重车的哪些方面——安全、舒适、便利还是乐趣？”接着他便静下心来聆听。想一想这两种推销技巧的差异。第一个家伙根本不知道你是需要为你的 5 个孩子和一条狗买辆小货车还是只想买一辆购物代步车。在你说“早上好”之前，他早已进入了自己的销售模式。在用一分钟时间让你觉得被理解之前，他已经开始了自己的推销。如果只是为了推介产品，那么这种销售方式就大错特错了。

我要一再强调的是，理解他人的想法是吸引和说服的基础。你看，我们在生活中总是发现自己在等别人把话说完，因为这样我们才能说话。我们是希望了解别人，还是想要别人了解我们呢？和别人交谈并直视对方双眼，聆听对方说的每一个字，同时真正理解他说的每件事——你上一次这么做是什么时候的事了？

在我参加一次重要会面时，有人试图借机达成一笔交易，我听到的全都是“我、我、我”这样的用词，这让我感到十分震惊。我们有更好的办法来达成交易并让别人按你的期望行事！这是因为——你只要好好想一想就会发现——在大多数情况下销售就是给别人提供问题解决方案的。

我的团队称我为“问题解决者”。我也从多年的经验中发现，这种吸引和说服方式比其他任何方法都更有效。在近期的一次公司会议上，我的活动协调员表示：“在出现问题或冲突时，迪安知道该如何介入并解决它。”相信我，这么做比人们想象的要容易得多。在解决问题时，我并不会走过来高谈阔论，然后坚持表示“我可以做到”和“听我的”。相反，我只会参与进来，然后习惯性地聆听和理解。我想知道为什么一个人会这样想，而另一个人会那样想。我想知道的不仅仅是他们说的话，还包括他们的言下之意！你知道吗？我了解这些人，他们会告诉我该如何解决问题或消除疑虑。当我把问题解决掉时，他们觉得我就像个魔术师，而实际上是他们给我提供了解决问题的线索。你的耳朵比嘴巴更能说服人。

相反，我记得自己 20 多岁时总是跃跃欲试，想要达成交易或建立一段人际关系。我总是一直说、说、说，总是会表现出一副看看我本人、我带来的东西及我的能耐的样子。我很少试着去理解他人的需求。

但时间、经历、失败和成功给我上了宝贵的一课。现在，我有了一个大多数人都没有意识到的优势和成功习惯：倾听他人分享的东西——具体而言，就是通过以下问题来认真和深入地聆听。

- 他们的痛苦是什么。
- 他们害怕什么。
- 他们为什么会这样想。
- 他们有什么压力。
- 他们的限制性思维或赋能思维是什么。
- 他们的目标是什么。
- 我该如何解决他们的问题，让他们向着自己的目标前进，同时我也能得到自己想要的东西。

我敢说，你可以看出这种技术是如何在会议室之外的生活中发挥作用的。配偶之间的最大冲突发生在一方试图让对方理解自己的感受，却从不聆听对方的情况下。我们的脑子里几乎全是这样的内容："对，对，对，但我是这么想的。"我们等待着开始的时机，接下来我们就可以发表自己的想法了。

你希望解决冲突吗？那么就好好聆听吧。深入体会别人所说的话，让他们觉得自己被理解了。这样你们就能联合起来，共同解决问题。你想要吸引合适的人，但你不会因为自己无所不知而吸引他们——哪怕你真的无所不知。如果你是个喋喋不休的人，那么你根本说服不了别人。

达成交易

从别人的角度看问题，能够帮助你以出乎意料的方式完成销售。

这里有一个每次都能带来惊人结果的价值数百万美元的成功习惯，如果你很难弄清对方的需求或者无法“达成交易”，那么你可以使用这项策略。这通常会让在场的所有人都安静下来，让你在不用扮演大人物的情况下主导局面。这种方法我曾经使用过很多次，而且屡试不爽。我礼貌地打断每个人，然后提出我曾在第一章问你的那个问题：“伙计们，我只是想要弄清楚一点。让我们假设现在是一年之后，事情进展得不错，我们现在在这里庆祝我们的一周年纪念日。你们可以告诉我这笔交易是什么样的吗？你们能够向我描述一下过去一年的情况吗？”然后我便停下来开始聆听。

那些想要推动自己的计划、想要被倾听或解释为什么要按自己的方式行事的人都会安静下来，陷入沉思。他们用一种令人不适的沉默做出回应，有的会说“这是个好问题”，而有的会说“我从来没这么想过”。当我听到后者时，我想问：“那我们来这儿到底是要干什么呢？”

这个方法适用于多种场合。如果你的孩子正在决定上哪所大学，那么你可以说：“我希望了解你想要什么。让我们想象一下一年后的现在：你已经上了一年大学，放假回家，过去的一年是你人生中最美好的一年，你可以说一说这一年是什么样的吗？”这个问题的答案或许能够帮助你的孩子做出正确的决定。

这个方法在你和配偶吵架时同样有效。你可以这么说：“你知道吗？我不想说服你接受我的观点。让我们想想一年后的今天吧，我们刚刚度过了我们在一起的最美好的一年。你觉得这一年是什么样的呢？你可以说一说吗？你觉得我们的约会之夜是什么样的？我们为孩子们做了些什么？我们有多少假期？我们住在什么样的房子里？详细说一说吧。”

这是一种非常有效的方法，因为它可以让人们认真思考答案。你促使他们去思考，也许这是他们第一次思考自己在一年内真正想要实现的目标。大多数人真的不知道他们想要什么，他们可能从来不会这么想。因此这是一项很有启发性的活动。这种方式甚至在招聘员工时也非常有效。我不会雇用给不出答案的人。如果他们不知道自己想要什么，我就更不会知道了！

当你得到了这些答案，你就知道该如何达成交易，或如何放弃交易，转而以其他方式实现目标。当我得到的回答不够好时，当人们毫无头绪或非常消极的时候，我会礼貌地说："大伙儿，让我们在每个人都知道自己目标的时候再开一次会吧，因为我知道自己想要从会议中得到什么。具体而言，我希望知道这个问题的答案。如果我们共同努力，这将会是了不起的一年。但如果连你们都不知道自己想要什么，那么我们将很难达成一致。我认为在大家弄清自己想要什么之前，我们不应该谈判。"

保持坦诚，值得信赖，成为永远的赢家

一旦你掌握了理解而非被理解的艺术，你就可以进一步提高你的透明度，做你自己。我不仅会聆听他人，而且会保持开放的心态。除了成为真正的自己，我不希望成为其他任何人。通过这种方式，我将自己的人生向前推进了许多。

年轻时，我曾和一位比我年长一些，但比我成功得多的绅士一同开车出行。那时我 20 岁出头，刚刚开始走出内心破碎的童年，成为一个有实际收入并相信自己的人。在我人生中的那个阶段，我有了一个很好的开端——我是二手车经销商，有一家修车行，还有 20 套公寓，而且我还在盖新房。在我所在的这个大约 7 000 人的小

镇上，我开始算得上个人物了。但我还是渴望更上一层楼！因此这位绅士带我去纽约，向一个风险投资集团推销我的创意和被我称为E疗法（E-Therapy）的商业模式。我想建立一个平台——方便治疗师和希望在网上咨询的患者进行联系。我知道这在现在算不了什么，但在1994年它的确是个很棒的想法，而且当时甚至没有与之相类似的业务！

我记得我开着他的捷豹车去了纽约，一路上我们讨论了优点和弱点的话题。他看着我说："迪安，你知道你最大的弱点是什么吗？"

我回答道："我最大的弱点在于我太容易相信他人，而且因为这一点我已经被人利用了好几次。我必须学会更商业化，变得更精明。"

他说："也就是说，你觉得自己最大的弱点在于你人太好，过于可靠？"

我说："没错。"

他直视我的眼睛，对我说道："你这么想实在太令人惊讶了，因为我觉得这是你最大的优势。你才20多岁，没有多少做大生意的经验，也没有资金来实现你的这个创意，而且还没有大学学历。是的，我现在之所以冒着坏我名声的风险带你去纽约，正是因为你值得信赖，因为你富有同情心。"

他继续说道："正因为你诚实、透明、守信，你才会被别人利用。但当你回顾过去，比较你的损失与因为你的坦诚和善良而吸引并说服他人行动给你带来的收益时，你会发现这些收益远远超过了损失。"这是20多年前的事了，但他的话在今天依然无比正确。

顺便说一下，那并不是我的真实"想法"，那是我从父亲那里得到的限制性想法。尽管他像天下其他父母一样爱自己的孩子，但他觉得这个信念可以保护我。而这个想法从那天开始就消亡了。

现在，我意识到，如果你想要说服和吸引合适的人、钱、工作及事业走入你的生活，那么保持坦诚永远都会增加你的胜算。在很多时候，你要和那些有所隐瞒或试图掩盖真实自己的人做生意。我在很小的时候就决定，无论结果如何，我都要做我自己。因此，也许有些人会认为我做生意的方式过于透明、过于守信，但现在我明白，人们想和我做生意正是因为这一点！谁会在意有人偶尔占我的便宜呢？我记得，在刚推出 deangraziosi.com 网站时，我就希望将它推向世界，并想尽可能地保持透明。我希望人们能够对我的每一则视频或我发布的每一条信息提供反馈意见，哪怕有时我会收到一些令人不太愉快的反馈信息。但无论如何我都保持着真实的自我，而人们也欣赏这一点。通过聆听人们的分享，我变得越来越好。

当我开始保持完全透明并说出发自内心的声音时，我的公司也发展到了另一个阶段。我在本书中所说的都是发自内心的肺腑之言。我谈论了我的家人、我的个人奋斗历程、我的人际关系以及我的生活。我知道，在我的商业关系和人际关系中，我对自己或好或坏的感觉越是坦诚，我与人们的关系就越好。我们越是能够开诚布公，越是能够做自己，我们的联系就越紧密，而这只会帮助我们上升到另一个阶段。真实和热情几乎在任何情况下都比完美和精心安排更重要。

现在请想一想这个概念，因为它与你的事业有关。你该如何在事业和职业生涯中变得更加透明？我不是说你要成为一个总是掏心掏肺的人，或是一个不断谈论自己的感受而让人厌烦的人。我的意思是你要对你在事业中接触的人保持坦诚和真实。因为你不能假装另一个人，也不能夸大你自己——虚假宣传和不诚实一样有害。那些依赖炒作而不去理解顾客的销售人员很少能够成功。作为消费者，我们如果发现有人在炒作或胡说八道，那么往往会置之不理或赶紧走开，然后就没有然后了！无论何时何地，保持坦诚都是更好的策略。无论我们说的是你的事业还是你的个人生活，虚情假意总能被人看穿，而保持真诚的人永远都是赢家！

贫乏思维不会让人动心

从本质上看，人们要么有贫乏思维，要么坚持富足思维。那些抱有贫乏思维的人总会看到事物最糟糕的一面：石油快要耗尽，世界行将崩溃；我们负债累累，似乎永远都无法摆脱这个烂摊子；我们如果赚了钱，那一定是从其他人那儿抢来的；美国梦已死，靠个人努力来致富和创造个人财富的时代一去不复返了：这些说法都是贫乏思维的例子。

我们在内心深处都会有这样的贫乏思维，因此当它影响到我们的观点和决定时，我们必须对此保持警惕。我们的内心都有对贫乏的恐惧、限制性思维和怀疑。

这就是我在本书前半部分提到的内心的“反派”在我们耳边的低语：“不，你做不到”“这不可能发生”“这为时已晚。”它可以彻底扰乱你的思维，让你无法集中注意力。或者更糟糕的是，它会成为一种自我实现的预言：你过于执着于这些消极的结果，以至它们真的成了你所能获得的东西。

请审视你自己的想法，看看其中有没有这样的贫乏思维。在彼得·戴曼迪斯的《富足》（*Abundance*）一书中，彼得谈到了石油及一些人为什么会说出“石油快要耗尽，我们该怎么开车”之类的话。他写道：“石油曾经是沾在骆驼蹄子上的油乎乎的物质。改变这一切的是智力资本。精明的人知道如何处理它，如何利用它，如何燃烧它，也知道如何制造内燃机，为世界提供动力。如果智力资本和富足思维能够让我们做到这些，为什么富足思维不能让我们更上一层楼呢？”现在我们已经有了电动汽车，终有一天我们会开上利用水能或太阳能的汽车。

具有贫乏思维的人常常会说：“如果你有钱，那么你的钱一定是从别人那里拿过来的。”这种说法并不正确。如果你变得富有，那是因为你找到了给世界创造价值的方法。我就找到了一种吸引他人去做某些事情，让他们更上一层楼的方法，这给他们的人生带去了巨大的价值。如果你这么做，如果你创造了价值，那么你也能创造财富。如果你用你的钱去做了不起的事情，去帮助你的朋友和家人，给他们带去保障，如果你捐助慈善事业，做回馈世界的事情，那么这将是了不起的成就。这就是带着富足思维去生活。

你常常会试图避免那种来自贫乏思维的想法，这样的想法会说服你，让你认为现在一切都不够：钱不够、时间不够、工作不够、朋友不够。当你发现自己陷入这种贫乏思维时，请试着让思维反转，将它变成富足思维。

我曾经见过许多苦苦挣扎的企业家，他们将自己企业的失败归咎于各种各样的因素：失败永远是别人的错，或者是因为事情不受他们控制。听了这些冗长的借口之后，我总是会这样想：他们的视野被贫乏思维蒙蔽了。他们会不自觉地对任何事情产生消极的想法。他们的客户感受到了这一点，他们的家人也感受到了。他们的言行和思维缺乏一致性。这些人在试图说服你什么是正确的同时也看到了有问题的一面，而这么做是不会有用的。我们要认识并运用本书中的策略，让自己每天都能看到富足的一面。改变你的思维，你会看到你的吸引力和说服力直线飙升。

销售人们需要的东西

我曾经看到过大公司和满怀激情的初创公司的失败，看到过筹集了大量资金的公司未能起步，看到过失败的发明，而发明者坚信自己创造的东西是人们绝对需要的，因此卖得出去。

所以，请在你的余生记住下面这句话：人们通常会买他们想要的东西，而不是他们需要的东西。我曾经见过一些公司创始人投入了大量资金去开发令人兴奋的产品，但从未考虑过消费者是否真的想要它们。

这种情况只会发生在商业领域吗？我们是否遇到过这样的情况，有时候我们觉得自己确切地知道配偶的需求、孩子的需求、家庭成员的需求以及员工的需求，但最后交付给他们的东西却相当失败，因为他们真正想要的是别的东西？我们认为自己知道他们的需求，但在内心深处，他们想要的是我们的关爱和倾听，他们希望我们能够关注他们或者不再三心二意。

我知道自己有时会在教育孩子方面犯这样的错。我总是过于关注我觉得他们需要的东西，却忘了满足他们真正的需求。需要减肥的人有很多，但他们真的想吃高脂肪食物、冰激凌和大量面包。这些人需要的是健身，但他们并不想这样，他们从来不会迈进健身房的大门。有些人需要婚姻咨询，但他们却更愿意去酒吧喝上两杯来麻痹自己，以忘记糟糕的夫妻关系带来的痛苦。

无论你的目标是什么——让你的事业更上一层楼，开创新的事业或在现有工作中升职，你都要记住，在大多数情况下，给别人他们想要的东西比提供你觉得他们需要的东西更有胜算。你可以做一些研究，了解你的潜在客户需要什么，消费者希望你能满足他们的哪些需求，你的老板希望你能带来什么，让你的企业更上一层楼对你的员工意味着什么——哪些因素会让他们工作得更加努力，看到你更大的愿景。

我认为“卖人们想要的东西，给他们需要的东西”这个理念可以很好地帮助你，哪怕你可能会质疑它的道德动机。但它是非常实际的，我希望看到你将它用于你的生活、事业以及创造财富的能力上。如果你将它们反过来——假如你试图卖给人们你觉得他们需要的东西，那么你很可能会失败。最好的做法是明确他们想要什么，然后借此来包装他们需要的东西。

这就是你常常在成功的营销和广告中看到的。如果人们需要减肥，仅仅告诉他们其身体不够健康或者他们超重的体重会缩短其寿命，可能并不足以使他们付诸行动。他们可能知道自己需要减肥，但优秀的广告会激发他们内心强大的意愿。

“我想让自己变得更性感。我想去海滩或游泳池时能自信地穿上比基尼。我希望我的配偶再度发现我的性感之处或看到过去的那个健康的男人或女人。”你若触及人们想要的东西，就会触动他们的情绪，而情绪会促使人们做出决定。只要能调动他们的情绪去参与有助于其人生的活动，你就要尽己所能将提议的行为转化为现实行动。

你如果可以尽力让你不健康的超重朋友行动起来去减肥并且变得健康起来，那么就尽管去做吧！但要知道，如果你只是告诉他们，或者试图向他们宣传，抑或试图说服他们去做必须做的事情，那么你很可能会失败。在个人生活、事业及创造财富的过程中，人们只会买他们想要的东西，而不是他们需要的东西。因此，你需要做出相应的调整。

学会讲故事

你会发现，我在本书中应用了大量现实生活中的例子来说明我想要表达的观点。这是因为我认为案例（逸事、历史事件或故事）是增强说服力的重要因素。然而，为了让这些故事成为有效的销售工具，你需要通过正确的方式讲述它们。人们常常对我说："迪安，你总是站在舞台上面对镜头。但和你不同，我很害羞。我没法说服任何人；我的信息吸引不了任何人。"我知道自己在镜头前和舞台上面对数千名观众时确实看上去很外向。但说老实话，我是个十分内向的人。当我去参加孩子的聚会，所有家长都在场时，我只想躲在角落里。我在这里说的都是大实话，这就是真实的我。

然而，由于我知道如何讲好故事，所以我在舞台上充满自信。不仅如此，当你学会好好讲故事时，你也会提高说服和吸引他人的能力。如果你可以在讲述故事的同时巧妙地将关键要点融入其中，那么你会变得更有说服力。如果你很会讲故事，那么你可以向你的老板证明，你比他想象的更够格。你也可以让你的员工知道你有多么了解他们。故事可以给这个世界带来种种影响。

你的过去有什么让人觉得有趣的故事？你可以用哪些故事来表现你的职业道德或技能？有什么故事可以证明你能完成某些事情，或证明你具有其他才能？我建议你构思一个属于你的最好的故事——一个能够让你要传递的信息变得更有力的故事——并对此多加练习。

我在电视上出镜已有 15 年了。每一次上节目，我都会讲述一个包含有效信息的故事。你下一次在电视或舞台上看到我时，请注意看看我整合在信息里的例子。讲故事帮助我从班上最害羞的孩子（我曾因躲避演讲而逃课）变成了一个自信满满的公共演说家，现在我可以在舞台上面向 15 000 人演讲。那么，什么样的故事可以帮助你实现这样的转变呢?

无论你是否在想“这很棒，我有很多故事可以讲”，又或者你并不确定自己是否有好故事，你都可以用一点时间写下可能成为优秀备选对象的故事。记住，你可以分享一个教训或一次克服困难的经历，你也可以描述你的奉献、努力工作或对他人的关心。接着再用一点时间在这些句子后面写下之后可能发生的情况：我认为我所做的（请填空）背后有一个精彩的故事。随后你可以对这个故事进行分解，得到你想要强调和分享的部分。在向他人讲述这个故事的时候，你一定要让这个故事与他们产生联系，让他们急于听到结论，这样他们就能从中受益，向你学习。当你进行这项练习时，请记住热情和真实性在任何时候都比完美的表达和结构更重要。

我讲故事的技能在几年前经受了考验，那时我和家人在加利福尼亚度假，我们围坐在火堆旁。我 5 岁的儿子是学校里最矮小的孩子——就像曾经的我一样，我知道他们班的一个同学因此而取笑他。我们坐在篝火前，吃完了饼干夹烤棉花糖，我看到了儿子脸上伤心的表情。我问他发生了什么，他说过几天就要回学校，而自己个头太小，因此不确定是不是想回去。

他没有直接提到那些取笑他的孩子，但情况看上去不太妙。我只能对我的儿子说：“布罗迪，从前我个头也很小。我知道这是什么感受，但这让我变得更加强大和坚强，而且我因此实现了许多成就。你不会有事的。”那时的我试图让他理解我、我的感受及我的经历。正如我之前所说，这种方法不会让我们建立联系，也不会让他觉得自己得到了理解。

如果我说“别担心，这没什么大不了。你会没事的”，那么在他担心的这件事情上我们不会建立任何情感上的联系。因此在我的脑海里，我立即想到了正确的做法，我要给他上一堂充满力量的课，让他了解自己生来这样是有原因的。那么我该如何在不提到自己的情况下让他变得坚强起来，同时又让他觉得自己得到了理解呢？这时一个故事突然出现在我的脑海里。这是一个我一边说，一边编撰的故事。

我说：“布罗迪，你听说过托夫（Toof）吗？”不是牙齿（tooth），是托夫，拼作 t、o、o、f。他说没有。这时我的女儿布里安娜也竖起耳朵听起来，并在一旁问道：“没听过，托夫是谁啊，爸爸？”

“托夫是一个只有一颗牙齿的狼人。他是半狼人，只有在半月时才会呈现狼人的样貌，但当他这样变身时，他会变得非常丑陋。他的身上有几根长毛和一颗牙，他会发出奇怪的嚎叫，看上去十分可笑。”

孩子们的反应是：“真的吗？那么托夫怎么样了呢？”

我说：“好吧，你们知道，托夫去上学了，而且每个人都认为他是一个普通的学生，直到某天出现了半月！当托夫从厕所出来时，他的身上瞬间出现了一片长毛，一颗牙齿从嘴边露了出来，他看上去十分怪异。你们知道后来发生了什么吗？就像在其他地方，在每一所学校，在人生中的每个阶段一样，有人开始欺负他。欺凌者说他长得滑稽，并给他起了难听的外号，这让他感到伤心，让他哭泣，让他觉得孤立无助。”

我的孩子盯着我，他们的眼睛里充满了问题：“然后呢？可怜的托夫怎么样了？他几岁了？他是真实存在的吗？”

“是的，但是后来有一天，托夫走路去上学，他看见了那个总是取笑和欺负他的同学被他爸爸开车送来上学。托夫注意到他的爸爸也在欺负他，而且对他非常刻薄，甚至把他推下了车，而这给托夫的内心带来了巨大的冲击。他说：‘我不在乎他怎么对待我。现在我知道这是为什么了。’托夫走向欺负他的那个同学，对他说：‘听着，你可以欺负我，不过我已经知道你为什么会这样，我很抱歉你的爸爸也这么对待你。’

“接着他试图给对方一个拥抱，而欺负他的同学推开了他。但后来吃午饭的时候，这位同学突然跑过来和托夫坐在一起。他们一起聊天，最终成了好朋友。但那一天，真正改变的并不是那个欺负人的同学。托夫意识到，他不允许任何人让自己不愉快。他做到了控制自己的情绪和感受。

“托夫决定变得快乐起来，不在乎别人说什么或做什么。他发现这和他的样貌无关，和他的毛发无关，和他是半狼人还是半人没有关系。重要的是他内心的感受，而外界的言论不会对他产生影响。

“托夫就这样变得强大起来，突然间整个学校的人都开始喜欢他了。很快，他的自信心增强了，他当上了学生会主席。后来托夫考上了一所不错的大学，结了婚，过上了幸福的生活，而这一切都是因为他发现自己的价值并不在于别人的看法，而在于自己的内心。”

让我惊讶的是，孩子们疯狂地爱上了这个故事。他们喜欢托夫。他们的反应是这样的：“托夫太棒了，我好想认识他。给我们说说托夫的其他故事吧！”我们就这样围着篝火坐了好几个小时，我编了一个又一个关于托夫的故事。在其中的一个故事里，托夫结婚了；在另一个故事里，他有了孩子，后来他给他的孩子起名为西丽、丽丽和迪里。这些令人难以置信的内容全都出自这个故事。但我最后做了什么呢？我最终把我想要传递的信息传递给了我的儿子。通过这样一个充满赋能信息的故事，我给我的儿子及我的女儿带去了力量。如果我只是单纯地传递这个信息，但没有讲故事，他们就永远不会理解它。无须多言，我的儿子彻底忘掉了学校的事情和对身高的担忧，而那个刻薄的同学也从此变得无关紧要。

你的内心一定也有同样精彩的故事，无论它们是真实的还是虚构的。想一想你可以向你的家人、重要的另一半、客户和商业伙伴以及你所遇到的任何人讲述什么样的故事吧。

言多必失

你曾经谈成过事情吗？我说的不只是生意，而是作为孩子的你是否说服过父母带你去某个地方，将你放在朋友家或者允许你晚睡？你是否成功卖出过房子或汽车？你有没有向你的老板成功推荐过你的想法？你是否在生活中的某个领域做过生意，但你总是说得太多，最终让对方改变主意，拒绝了你？

你是否有过这样的经历，在和别人约会过一次之后，你希望能有下一次约会，而你也得到了对方的同意，但你总是一直谈论这件事，因此出于某些原因，这场约会也就不了了之了？当我还小的时候，我看着我的父亲犯过这样的错，至今我都会就此笑话他。在我 20 来岁时，我们有了一个二手车交易市场，每到周六，父亲和我就会去那里卖车。每当有人停下来看车时，我都会揶揄他说："你是希望我出去把车卖掉，还是希望你自己出去把人吓走？"然后我们都笑了。

我非常幸运，因为在那么年轻的时候我就能意识到父亲哪里做错了。如果走出去的是我的父亲，那么他会大谈汽车的优点，而顾客会说：“你知道吗？这辆车我要了。”然后我的父亲还会继续唠叨这辆车，例如“最近我们把这辆车从头到尾都漆了一遍！”，对方会说“喔，你们漆过了。但我很介意新上的油漆，你知道的。我还是再想一想吧……”，然后这笔生意就告吹了。

最近我和我的女儿也经历了这样的情况。她一直在请求我同意某件事，而且不断地请求，她做得不错，最终说服了我。她想在上学期间去她的朋友拉森的家里过一个晚上，而我们并不希望这样。但是她完成了家庭作业，而且提出了强有力的理由证明这次拜访可以是个例外，最终我同意了。

然而，当我同意她之后，她便说个不停，最终说漏了嘴，原来第二天一大早她有个考试，而她还没有为此进行复习。

我说：“很不幸，布里安娜，现在你不可以去了。”

她说：“但是爸爸，你已经同意了。”

我说：“布里安娜，吸取这个宝贵的教训吧。不要过度卖弄，卖完就算。当爸爸答应之后，你就可以保持安静，说谢谢了。”

当打算从我父亲那里买车的人说“这辆车我要了”的时候，我的父亲就该停止推销，然后说：“谢谢，让我们来签文件吧。”如果你打算说服某人采取行动、购买你的产品或让银行借钱给你，如果你打算从个人那里获得资金去完成你的交易，那么请不要过度卖弄。这是应该安静下来的时候。

我一直在我的房地产教育论坛上传授这个理念。如果你知道你为什么想要这栋房子，你知道它值多少钱，然后你说“我可以付10万美元”，那么这时候你就该闭嘴，因为通常情况下，在谈判中第一个开价的人总是会输。沉默是金，至少在你得当把握沉默时机的情况下是这样。

热情的力量

最后，如果不讨论热情，我就无法结束有关吸引力和说服力的这一章。当你对某件事充满热情时，你就会深切地关注它，以至你一直都会想着它。那些对自己销售的东西有着强烈信念的人，比那些用华丽辞藻或统计数据来销售的人更可信。当你对自己的产品、观点或提议十分狂热时，人们更有可能认真对待你。他们会被你对自己销售的东西的真诚信念所吸引。

这就是在许多练习的开始，我都要求你思考“你的现状如何”“你的目标是什么”以及“你为什么想实现这个目标”等问题的原因。热情与你的目标和你有多想实现它们密切相关。热情是成就和说服力的终极动力。我并不是世界上最聪慧的人，而且和身边人相比我也不是最聪明的那个。但我总是对我做的每件事都充满热情。在我需要自信的时候，我就能找到它。这两种成功习惯及理解别人的能力让我克服了诸多困难，最终在营销和销售方面变得得心应手。想想这些习惯能够为你带来什么吧！

归根结底，热情、自信及理解他人或许是我的成功秘诀。嘘，小声一点，别告诉其他人。不开玩笑了，我在本章分享的内容可以让你更快地实现你的目标。你如果掌握了吸引和说服的诀窍，就能够以惊人的速度实现了不起的成就。

有关如何让别人说“是”的书有很多。但在我看来，它们大多数依赖的都是噱头和心理技巧。而这不是我想要分享的。我的目标不是让你去欺骗他人，而是要帮助你成为以恰当的、合乎道德的方式去吸引所有事物的人。我希望别人如此评价你：“他方方面面都很好。他总是能吸引合适的人、合适的事情及合适的业务。他知道如何向每个人推销合适的东西，让所有人都受益。他是幸运的。”但你知道，这一切都和运气无关。只有采纳我分享的成功习惯，你才能实现这一切。

第八章

说服对方之后

相信并不能替代体验。如果你愿意相信某件事情，那么这也是个不错的开始，但最重要的是要让自己去体验。你如果想知道中国是什么样的，那么最好还是去一趟中国，这样你就能真正了解中国，而不是在自己的脑海里想象它的样子。

——托尼·罗宾斯接受迪安·格拉齐奥西访谈时所言

吸引力和说服力是实现愿景、让目标成真的关键。然而，它们并不是让你充满动力的成功习惯的最后拼图。当你在这两个改变人生的习惯基础上再增加一个新习惯时，它们三者就会成为任何初创企业成功的基础，也能推动你的公司更上一层楼。这个隐秘的成功习惯就是在说服对方之后，管理他们的感受。请让我细细道来。

但是首先，还是让我们总结一下你当前的认知。

- 你已经明确了自己的人生目标。
- 你已经找出并清除了内心的“反派”。
- 你已经用创造无限可能的故事替代了限制性想法。
- 你已经认识了最好的自己。
- 你已经发现了一个十分重要的组合（吸引力和说服力），它可以让你的财富水平上升到更高的层次。

世界上最有成就的人都在他们的事业和个人生活中运用了这些百万富翁的成功习惯。

不过，本章要讲的是被大多数人忽视甚或从未想过的秘密成功习惯，缺失这一习惯使得他们无法达到自己的目标。这是一个让超级成功的人脱颖而出的习惯，因为它有助于他们理解人们在被说服之后的情况，也就是售后关系、售后感受及售后互惠。

当我回顾自己通过我的企业与品牌创造数百万美元收入的幸运经历和能力时，我发现这些成就在很大程度上是因为我非常关注客户同意交易之后的感受。相信我，关注或不关注客户感受的区别可能就是体面的成功和暴发户式的增长的差别，尽管现在我们对这种差异的感觉微不足道。

通过一种非常具有策略性但又十分简单的方式，你将理解你的客户和生活中的其他人的感受，并明确在说服对方之后应该让他们从你这里获得什么。在本章中，我将着重讨论财富的创造和商业方面的成功，而不是其他形式的成功。但是这个策略对你生活的各个方面都会有所帮助。

例如，想一想当你打算吸引和说服某个人与你结婚时的情况。在成功让对方认可了这段关系并同意结婚之后会发生什么？你是否听到有人说过这样的话："我的丈夫过去特别温柔体贴、特别浪漫、特别迷人，但我们结婚后他就彻底变了！"？你是否听过人们对自己建立的合伙关系表达兴奋之情？他们打算共同开办一家餐厅或者开创一项线上业务，彼此的关系十分紧密，但开创事业之后不到五六个月，他们就会为了解散公司而对簿公堂。

你是否曾经被某个销售员、产品、公司或线上销售渠道吸引过——你觉得它们非常神奇，你觉得自己在它们那里得到了理解？那是因为他们做了我在前一章传授的那些事情：他们知道你想要什么，他们倾听你的叙述，他们给了你想要的东西。但是在完成销售之后，你就再也没有他们的消息了。实际上，当你试图给他们打电话时，你都打不通电话，或者你只能与某个对你漠不关心或不想帮助你的人对话。

到目前为止，我分享的所有内容都可以创造令人难以置信的动力，但你如果打算继续取得成功并更上一层楼，让它达到你从未梦想过的高度，那么需要了解如何在说服某人之后建立关系。下面这个故事给了我们警示，告诉我们忽视这一成功习惯会发生什么。

几年前，我和我的好友乔打算帮助亿万富翁理查德·布兰森爵士及其慈善机构联合维珍（Virgin Unite）筹集善款，这个不可思议的基金会在全世界为有需要的人做着了不起的事情。这是一个非常优秀的组织，当乔和我为它筹到 100 万美元后，该基金会将所有的善款都用于提供切实的救助活动。理查德用自己的钱支付了联合维珍的所有日常开支，这样所有的捐赠收入就可以全部用在有需要的人身上，这相当了不起！

于是我们开始工作，从多个渠道筹集资金，最后我们会在理查德的内克岛（Necker Island，理查德在英属维京群岛上的私人岛屿）和他待上一周。我们的合作持续了好几年。我在他的岛屿周边海域航行，和他一起赛艇、潜水、吃饭……能够结识、喜欢和理解这个创造了许多伟业的人是一件很棒的事。他创建了维珍唱片（Virgin Records）、维珍航空（Virgin Airlines）、维珍移动（Virgin Mobile）及其他许多公司，并且帮助了世界上许多有需要的人。

我们的筹款工作、我们筹集的资金以及我自己投入的大量资金让我感觉很棒，就像我是某个重大事件的一部分一样。但我必须告诉你的是，在我捐款之后，我和这个基金会之间的来往便终止了。这与理查德个人无关，且该基金会本身也很欣赏我们所做的一切。问题出在它从未考虑过“售后”关系，我再也没有听到过来自该组织任何人的消息。我从来都不知道这些钱去了哪里，没有收到过学校的照片，也再没有收到过受助儿童的信息。

有一次，我曾经为美国无家可归的孩子们买了一大堆衣服，我知道这些衣服会被送往中西部分发。但在捐赠之后，我再也没有收到过来自这个组织的任何后续情况通报，我觉得与他们失联了。接下来发生的事情是，我渐渐远离了这个慈善机构，尽管我很喜欢它做的事情，而且我真的非常敬重理查德·布兰森。最后，我转而帮助其他慈善机构，但这一次，在双方的沟通过程中，我说明了自己对后续工作的要求。

约翰·保罗·德乔里亚成名的原因之一在于他能够理解别人，包括同意为他工作的员工以及那些购买他的龙舌兰酒和洗发水的客户——唯有理解客户的需求，才能确保他们再次购买。

约翰·保罗曾说："我不是做销售的，而是做再次销售的。我希望让人们感到开心，这样他们就会反复购买。"你如果想在亲密关系中重新找回亲密的感觉，那么请带着同样的想法去做，看看会发生什么！这么做可以让你一开始就赢得配偶的青睐，让你们的感情逐渐升温。这同样适用于商业。

你如果参加了我的房地产教育培训或者买了我的某本有关如何投资房地产的《纽约时报》畅销书，就知道在购买了我的书之后，你每周都可以从我这里得到一段有关如何改善你的人生、提升你的能力以及每次都能激发灵感的视频。

这些都是免费的。我没有告诉别人我会这么做。我只是提供这些，确保我的学员和读者能够收到电子邮件，让他们知道我在关注他们，我欣赏他们的事业。这是我"售后"关系建设的一部分，我通过视频来感谢他们对我的信赖。你猜猜结果怎样。他们能够感受到我的用心，会将我推荐给其他人，也会购买更多产品，给我好评。他们之所以这么做并不是因为我贿赂了他们，而是因为他们知道我在关注他们。

对那些参加我的高级策划小组（就像我和好友乔·波利什之前组

织的那个一样，在这里人们每年花 10 万美元就可以与乔和我共度一段时光）的人来说，我要确保他们知道自己在付了一大笔钱之后能得到我的关照——我会给他们带来巨大的价值，而且我很在乎他们的感受。

你知道，人们会忘记你叫什么——我常常忘记别人的名字，人们也会忘记你是做什么的、你在哪里上的大学或者他们是怎么遇到你的。但他们不会忘记你给他们带去的感受。你看，我们一生都在寻找更好的感觉。为什么你会做这些事情？为什么你希望赚更多钱？因为你希望感觉更好，或者希望获得某种感受。为什么你想恋爱呢？因为你希望感受彼此之间那种令人欣喜的温存和两性关系。为什么你会喝酒？为什么你要锻炼身体？因为这些活动会带来强烈的感觉。所以，请记住这样一条真理：“面对客户时，重要的是他们自己和他们的感受，特别是在他们同意购买你的服务、你的公司或你销售的任何东西之后。你认为他们想要什么并不重要，你觉得他们应该得到什么也不重要。一切都取决于他们的感受。”

在撰写本书的这个部分时，我想起了一件事情，它就像太阳一般刺眼，提醒我为什么不理解别人的感受是糟糕的。当时我和孩子们坐在餐桌前吃早餐。我儿子的记忆力很好，那时他正好喜欢上了专业蜡笔，我说的不是普通的红色或绿色蜡笔，而是朱红、深威尼斯红及永固天竺红！当我们围坐在桌前时，桌上有 50 支蜡笔。我拿出一支对儿子说：“这是什么颜色？”他说出了它的准确颜色名称。我说“哇！”，接着又拿出一支，再拿出一支，然后他连续说出了 50 支蜡笔的颜色！

我十分震惊，差点从椅子上摔下来。我女儿布里安娜看到布罗迪得到了赞美，她说：“我也要，我要学习它们。”然后她看了那些蜡笔两分钟，其间我说：“孩子们，我们每个人都有独特的天赋和能力。

这是布罗迪的特长，我永远都做不到。但是布里安娜，你也有布罗迪没有的独特天赋。”

她说：“好吧，那现在问问我吧。”结果第一回她就错了，她有点伤心，说道：“让我好好研究一下。”

那时距离出门上学还有5分钟，因此我说：“布里安娜，我们没时间研究了，你要去上学了。”

她很伤心，哭了起来，说道：“爸爸，什么都是布罗迪。你每天早晨都和他玩，但不和我玩。”

我觉得我自己虽然做了正确的事，但没有认识到我未注意她的感受。于是，我说：“布里安娜，这不是真的。你明白的。别对自己撒谎，好吗？也不要和我撒谎。我每天都在努力保证我用在你和你弟弟身上的时间是相等的。因此你对自己说了谎，对我也说了谎。我希望你收回这些话，赶紧准备去上学。”

她非常伤心，哭着走开了。这个清晨，她出门时没和我说“我爱你”，也没有给我一个吻，这是她在9年人生中第一次这么做。她走了大约半个小时后，我感到我在这件事情上做得非常糟糕。我忽略了她的感受！我完全无视了她是怎么想的。这是真是假并不重要，如果她产生了那样的感觉，那么这对她来说就是真的！

我受到了沉重打击，跳上车去学校并且礼貌地把她从教室叫出来。我走到院子里，和她一同坐在一张长凳上并看着她的眼睛说：“布里安娜，你的爸爸犯了一个大错。我觉得你的感受是真是假不重要，这是不对的。我用在你和你弟弟身上的时间的确是一样的，但我早上忽视了你的感受方式，也忽视了你的感觉。当时我简直是在说：‘把它们藏好，你的感觉不重要，因为你的爸爸知道什么是对的。’但我大错特错。这只会破坏我们的关系，让你今后不再对我敞开心扉。

我向你保证，我会更加用心，再也不这么做了。我如果还这么做，那么一定会立即改正。我向你道歉。”

我的女儿笑了，她的笑容有着令人难以置信的力量。我就这样卸掉了肩头的千斤重担，因为我在瞬间明白了她想要的只是理解。她并不在乎事实如何。

因此，在你的客户或你在人生中遇到的其他人被你说服之后，你还要关注他们的感受。每当像关注售前服务一样关注售后服务时，你就是在实践最重要的秘密成功习惯，而它可以让你获得巨大的财富，以及人生和事业的成功。

设身处地

我的儿子上周用了“史诗般的失败”这个说法。我已经听到这个说法有好几年了，但你要知道，当 7 岁的孩子开始使用它时，那它就真的成了流行语！“史诗般的失败”在人生和商业上的含义是：你如果没有在你的客户、配偶、孩子、雇员或雇主的头脑里“安营扎寨”（camp out），那就遭遇了“史诗般的失败”！

我说的“安营扎寨”到底是什么意思呢？打个比方吧，这意味着我希望在他们生活的地方搭个帐篷。也就是说，我希望站在他们的立场上思考问题，即中文中常说的“设身处地”。

你如果在朋友家睡了两个星期的沙发，那一定会亲眼看到他们的日常活动、他们的习惯、他们的担忧、他们的目标和他们讨厌的东西，你对他们的了解要比那些只和他们进行过一些事务性沟通的人强 100 倍。

所以，我希望你能应用这个比喻并且记住：当你设身处地、从你的客户和你关心的每一个人的角度进行思考和行动时，你就会迈向更富足的下一个阶段。你看，人们在营销、广告、吸引力和说服力方面投入了大量金钱，其目的只是说服客户购买，但在交易达成后，很多人就忘了客户是谁以及他需要什么。

这里有一个场景可以说明这些是多么容易被忘记。在创业初期，每个人都跃跃欲试、雄心勃勃。你的员工致力于了解客户的需求，你们的事业蓬勃发展。现在，你需要雇用更多员工，其中包括一位首席财务官、一名私人助理、大量销售人员及一个客户服务团队。随着公司的发展和业务的顺利进行，你加入了当地的乡村俱乐部，并且搬入了地段更好、空间更大的办公场所。

这种情况出现在各种类型的企业中。你的律师事务所起初只有 4 名客户，现在这个数字达到了 100。你的在线业务一开始只有 10 个买家，但现在有了 500 个。作为一名医生，最初你每周只有 4 名病人，而现在你每小时就有 4 名病人前来就诊。猜猜接下来会怎样？你的公司和你的职业都发展了起来，这意味着你每天越来越忙，业余时间越来越少。你的思想越来越集中于发展业务、开展营销或者发展带来的其他活动。

在许多情况下，你会忽略或忘记当前客户在想些什么，你不再为他们着想。你不再关注他们害怕什么、想要什么及他们在你这里有什么需要，相反，你专注于流程和体系。当然，在商业经营中，这些都是你需要的，但如果你不能为客户着想，那么他们会觉得自己被疏远了，而你也将离更大的成功越来越远。

设身处地适用于人生的各个方面，包括你的老板、员工、父母、配偶甚至你的儿女。在最后这种关系上，我再怎么强调设身处地的重要性都不为过，而且我说的不是带你的孩子去当地国家公园游玩这种事，而是了解他们的生活。我有一些朋友，他们总是很忙，以至错过了与孩子培养感情的机会。当他们想和孩子在一起时，却发现自己已经错过了机会：孩子要么已经长大，要么对此毫无兴趣。

如果你知道孩子所有朋友的名字，你觉得这会对你和孩子的关系有怎样的帮助呢？如果你知道课间休息时发生了什么，知道他们哪门课学得不好，知道他们喜欢哪位老师或不喜欢哪个老师，知道他们这个年龄的孩子中流行什么，或者知道他们在男女朋友方面有哪些问题，你的亲子关系又会怎样呢？

你看，我们常常希望在肢体上亲近我们的家人，但是我们却无法想他们所想。我们经常会让他们说完要说的话，却不让他们向我们表达他们的心声。或者当他们放学回家时，我们会问："在学校怎么样？"他们会回答"不错"，然后就走进自己的房间，我们的对话也就此结束。

相反，你也可以看着孩子的眼睛，问他们一些问题。你知道这些问题可以让你们投入对话，而且能够加深你们之间的联系。或许你也可以选择不问"在学校怎么样"这种问题，你可以问："课间休息时你是和斯科特一起踢球或玩橄榄球了，还是待在教室里看书了？是不是因为外面太热了才选择在室内看书的？你还在读那本很酷的《野兽国》（*Where the Wild Things Are*）① 吗？"

如果你的孩子年纪大了，并且你知道你的女儿在工作上受挫了，那么你可以选择不问"工作怎么样"，而是问问类似这样的问题："史密斯先生又让你加班了吗？""7 月时你说要去佛蒙特州，后来去了吗？"

---

①《野兽国》是美国著名作家莫里斯·桑达克的名作。——译者注

突然之间，你不再只是自言自语，问一些泛泛的问题。相反，你的孩子知道你关心他们，而这能够让你们建立紧密的联系。

现在，你可能还没有孩子，你或许会好奇我为什么要分享这么多有关养育孩子的内容。这是因为孩子能够触动我们的心灵，而你应该试着触动每个人的心，包括你的配偶和客户，哪怕他们已经应允了你的要求。如果你不了解他们的担忧，无法设身处地地为他们着想，他们就会转向其他关心他们的人。

我所看到的最糟糕的事情之一就是，特别是在大公司里，其他人的需求由一个指导委员会来决定。我记得我在前面已经说过，人们会购买他们想要的东西，但不一定会购买他们需要的，不过还是让我们来谈一谈当他们成为你的客户或顾客之后的情况吧。

如果你的公司总是要支付大量退款，收到许多退货，无法让人们再次购买或者没有办法获得长期客户，那么问题在于你们没有设身处地地从顾客的角度去思考问题。相反，你们自己假设了他们的需求。当一个委员会想要解决问题却又不倾听客户的声音时，他们注定会失败。

为了避免这种结果，这里提供了一些可以有效为他人着想的策略。

- 面向客户进行市场调查，了解他们想要什么，需要什么。
- 询问顾客的具体的要求。
- 采取符合道德伦理的“贿赂”方式，让他们告诉你自己的要求和需要。
- 通过社交媒体跟踪相关趋势和数据，以此来确定你的客户感兴趣的东西以及他们经常浏览的网站。
- 查看你们网站的统计数据，找到访问量最大的页面。

- 不要假装自己知道客户的需求，也不要在没有任何反馈和数据的情况下瞎猜。

上述所有策略都能帮助你倾听客户的想法，想他们所想。你要让客户告诉你他们想要什么，然后才能为其提供相应的产品或服务。

互惠互利

互惠的定义是什么？它如何应用于“售后”关系呢？虽然互惠在字典中有明确的定义，但我认同的是另外一个稍有不同的定义，让我们称之为“无附加条件互惠”。它的意思是给别人提供价值，但不要求任何回报，或者在别人为你做事之前，你就为他们做些什么。

大多数人认为：我会做从中能有所得的事情。如果我帮助别人，那么别人会帮助我吗？我很幸运地与许多了不起的人建立了很好的关系，因为我曾经为他们做过一些事情，但不求回报。为别人付出但不索取回报就是“无附加条件互惠”，它是许多人和企业成功的基石。

无论你是否相信“已所不欲、勿施于人”或轮回之说，你都要成为一个率先行动、慷慨付出的人。让这种做法成为你的习惯，而不要将它当作以成功为目的的刻意举动。你如果这么做了，就会看到接下来的收获、突破、机遇以及晋升的机会。

在对方说“是”之后践行互惠原则是一种好习惯，它可以给你带来意想不到的回报。试想：你是否经常告诉你的配偶、孩子、员工、朋友及家人，说你对他们很失望？你是否会经常分析他们错在哪里，甚至他们会因此受到怎样的惩罚？

或者说恰恰相反，你是否会经常给他们礼物？你是否会对那些做对事情的人说一些好话？你上一次对你的配偶说“谢谢你给我带来这么多。谢谢你，你是一位了不起的母亲或父亲”是什么时候？你上一次对孩子说“谢谢你今天自己整理了床铺”或“那天晚上我们一起出去吃饭，你说话的时候看着服务员，表现得很有礼貌，谢谢你”又是什么时候？

对你的事业来说也是如此。你上一次对客户说“谢谢你与我们合作，谢谢你一直支持我们。谢谢你给我们提供资金。为了表达感谢，我有一份礼物送你”又是什么时候了？

举个例子吧。如果你租了我在全美 400 栋房子里的一栋并连续支付了 6 个月租金，那么你会收到一封信及一张 50 美元的星巴克消费卡。信中这样写道：“您可以选择按时支付房租，也可以选择延迟支付，但您始终坚持按时支付，对此我要说声谢谢。”租客不会指望自己收到这样一封信或礼物，因此他们对此的反应都很积极：他们有的住得更久，有的很少抱怨，而且常常有人想从我这里买房。这封信建立了一种关系。这并非欺骗或虚伪，我真心感谢他们，而且我要让他们知道这一点。通过这种做法，我们不再只是租客和房东的关系——一种纯粹交易性的业务关系，而是建立了真正的联系。是的，他们付钱给我，我给他们提供住房。做到这一点本已足够，而且这是公平的交换，但我出租独栋住宅的投资回报率明显高于行业标准，而我的租户也知道，即使在收了钱之后我也会关注他们。

这就是你的目标：让那些在你的事业和个人生活中对你说“是”的人知道你还关注他们。以下是你可以尝试的做法。

这对你来说是一项挑战，我知道它会给你带来超乎想象的礼物：本周，给那些影响你人生的人手写五封感谢信。你上一次手写信件是什么时候？如果你的字迹不便阅读，那么你可以把它打出来，通过电子邮件发送。但我可以向你保证，每封信的影响力都是不可思议的。你可以写给你的客户、导师、老师、丈夫、妻子、妈妈、爸爸、兄弟姐妹、孩子、员工、管理者或老板。

这里有一个简单的例子，它表达了令人意外的感谢之情："我只是想让你知道，今天当我坐下来回想人生历程时，如果没有你让我对自己负责，没有你严格要求我，没有你给予我温暖、甜蜜和爱，如果你没能成为我的客户，没有为我提供的服务买单，我不确定我是否会成为今天的我。我想要说声……"我想你明白的，你可以自行填空，然后根据自己的情况来调整。

我希望你本周就能进行这项挑战：写信，然后寄出它们。如果你愿意的话，你也可以写电子邮件。但更好的做法是连同礼物寄出！你可以给人送花并附上一张卡片，你将发现人们在收到一份意想不到的礼物时会有多么激动，而互惠就是这样产生的。

就这样去做，你会发现别人给予你的爱也会像潮水般涌来。你如果可以在个人生活中表现出这种无私的姿态，那么为何不将其也应用到事业中去呢？你为什么不这样对待自己的客户、同事、老板或员工呢？

互惠互利可以促进长尾关系。这种关系意味着对方会使用你的服务，尊敬你，感激你，往后多年一直会想到你。它与一次性交易或短暂的关系完全相反。而建立这种长尾关系正是大多数超级成功人士的核心成功习惯。

了解推动员工的动力是什么

如果你有自己的公司、自己的员工，如果你要管理一些缺乏动力、士气不足或出于种种原因没法好好完成本职工作的人，那么你可以考虑花点时间去理解他们和他们的内心世界。既然他们同意为你或其他雇主工作，那么你就要关注他们的感受，这样你们才能一起创造超乎此刻想象的成果。他们遇到的困难和挑战是否与你想象的不同？他们的目标是什么？他们在午餐时谈论些什么？他们对你和你的管理风格有何评价？当他们回家和配偶在一起时，他们会说些什么？

现在让我们交换角色，假设你同意为另一家公司工作，而且你希望在这个环境里有所发展。不过，你的工作很有挑战性，老板也十分严苛。你可以问问自己以下问题。

- 你的老板对自己的工作有怎样的看法？
- 他是否真的目中无人，或者只是被人误解了呢？
- 他有什么样的压力？
- 他担心什么？
- 他在人生中面临着哪些挑战？
- 他的老板又是如何对待他的？

如果你努力去回答这些问题，那么你对这些事情的理解会上升到一个新的水平。接着，你应运用你学到的东西，让你的老板感到你是理解他的——告诉他你可以帮他解决问题，而不会给他制造麻烦。

你可以吸取我之前分享的经验，设身处地地为你想要与之合作的人考虑，这样你就会从一个全新的角度去看待事情。最终，你可能会充分了解他们，甚至能够知道他们下一句话要说什么。最后的结果就是，你知道如何成为他们的解决方案的一部分，而非麻烦制造者。

争取建立关系，而非达成交易

这里要讨论的是本章最重要的成功习惯之一。你如果希望在当前环境下让事业更上一层楼，那么请记住：在与客户打交道时，你要经营的是关系，而非业务交易。人们会为某笔交易退款，但不会因为人际关系退款。让我简短地解释一下。如果你去当地某家餐厅就餐，那么你和餐厅老板的对话会是这样的："嘿，你打算坐哪儿？这是菜单和特色菜。您想吃点什么？"他面带笑容地给你端来食物，你吃了饭，结账，然后离开。一切都挺好，食物也不错，但这一切都是纯粹的交易，并没有体现用心的感觉或人与人之间的联系。

但如果另一家餐厅的老板真的花时间去了解了你，和你建立了良好的关系呢？或许你们的对话是这样的："嘿，迪安，很高兴又见面了。你的家人还好吗？你们得快点带孩子来。我们很快就要再次推出特别款圣代冰激凌了，上一次他们就很喜欢。还是坐你最喜欢的座位吗？绿茶，对吧？好吧你说对了！"现在你觉得自己最有可能再去哪家餐厅吃饭？哪一家餐厅是你出于某些糟糕的原因在那儿偶尔吃到了一顿难吃的饭，但你还是会再度光顾的呢？没错，就是老板与你建立了良好的关系的那家餐厅。人们会很快放弃交易关系，但如果这是一段真正的人际关系，那么他们会悉心维护这层关系，因为他们知道你很在乎。

如果你正在经营一家企业，而你和客户的关系是纯业务性的，那么这些客户对此也心知肚明。也许你自始至终只是在推销产品；也许你只在乎销量，退货率很高，你的客户因此抱怨连连（当然他们抱怨的可能不是你本人）；也许你就是无法激发动力。这些情况很可能是因为你并没有真正表现出对客户关注的需求层次的关心。你如果意识不到这一点，就会从业务的角度而非人际关系的角度去看待你的客户。在当今充满各种联系的世界里，要想在没有建立关系的情况下保证客户的忠诚度是一件非常困难的事情。

相反，如果你了解客户或顾客的感受，知道他们从哪里来以及他们是如何找到你的，了解他们对你的产品的喜好并且掌握了他们的个人需求，你就会与他们建立超越业务的联系。而这也将让你们产生长尾关系，而不是一次性的交易关系。

不再想当然

想当然地认为自己知道对方的想法和感受，是你在说服对方之后可能会犯下的另一个大错。我们在自己的个人生活和工作中都会这么做，而这会让你花费大量金钱，同时给你造成不必要的压力。让我分享一个故事吧，这个故事对我产生了巨大影响并且给了我这样一个教训：不要假装自己知道别人的想法，而是要努力去真正地了解。我的第一本书《完全满足》在 2006 年登上了《纽约时报》畅销书榜单，而在 2007 年，我写了《成为房地产百万富翁》（*Be a Real Estate Millionaire*）。然而，这次我在图书宣传方面采用了不同的方式。这本书不但与《完全满足》一样在书店和零售卖场销售，而且我还为它做了电视直销节目，直接面向观众销售。这本书取得了巨大成功，它成了我迄今为止销量最高的书。实际上，那档电视直销节目每天都会在全美国播出并且持续了近 18 个月。每周，我们都能通过电视直销卖出成千上万本《成为房地产百万富翁》。但这一切差点儿没能发生，因为我自以为了解某位重要团队成员的想法。

我和某个人达成协议，请他在镜头前采访我。这个人非常擅长这项工作，并且得到了他人的极力推荐。尽管那时我已经做了 7 年多电视直销节目，但是安静地坐下来进行拉里·金[①]式的采访对我来说还是头一次。这是因为我在某天夜里看了拉里·金对乔尔·奥斯廷（Joel Osteen）[②]的采访后产生了做类似节目的想法。我知道，如果拉里·金说“无论你是否爱乔尔，如果你想要他的新书，请拨打屏幕下方的电话，马上以折扣价购买吧”，那么此举可能会相当成功！之后我满脑子想的都是这件事。于是，我准备邀请一位知名的主持人来复制这一类型的节目，我找到了一位自认为完美的人选，和他达成约定并确定了拍摄日期。

拍摄当天，我来到摄影棚，有点紧张，因为我不用脚本——希望发自内心地说话。我希望在没有脚本的、一问一答的对话中分享真实的故事和情感。记住，这件事发生在经济开始衰退之时。当时经济正在下行，抵押贷款止赎，而我却打算推销一本有关房地产投资的书。每个人都认为我疯了。朋友和家人劝我：“迪安，没人会想知道如何在房地产上赚钱。人们都要无家可归了，他们现在只想活下去！”我还是保持着积极的态度，忽视了这些反对意见，并且继续按计划推出这本书和电视直销节目。由于想得太多，我变得越发紧张起来。在去影棚录制直销节目的路上，我变得越来越焦虑：我会说得很精彩吗？我能够分享自己的心声而且不会冷场吗？

我在到达影棚的时候表现得有些紧张，因此电视节目主持人对我比较怠慢。起初我对此有些惊讶，但很快我就找到他这么做的原因：

---

① 拉里·金是美国家喻户晓的脱口秀节目主持人，他主持的《拉里·金现场》（*Larry King Live*）一度是 CNN 收视率最高的节目。——译者注

② 乔尔·奥斯廷是美国湖木教会主任牧师，著有《活出全新的你》（*Your Best Life Now*）一书。——译者注

“这个家伙也觉得我这么做是疯了。”

接着这位电视节目主持人对我说：“你希望我问你什么问题？”

我回答道：“实际上我不想要回答任何问题。我只希望你尽力去证明我是错的，试着证明我说的不对，或者我不了解房地产，而且现在并不是投资的好时机。让我们将访谈做得尽可能真实一些。如果我说的没错且发自我的内心，那么观众会感受到。”我再一次感到他认为我犯了个错；他向我露出了怀疑的表情，然后径直走向化妆间。看上去他对我的书和我说的话十分排斥。我承认，是我自己让这些感觉在我的内心变得越来越糟糕。我焦躁不安，而且差一点取消了这次访谈。我甚至开始想，也许可以换个时间再做，也许我准备得不够充分。

我在自己的头脑里创造了有关这个电视主持人的一种想法。我一直很激动，心想：“这个家伙居然不相信我说的是真的。难道他觉得这是个笑话吗？”结果我变得更加紧张和不安起来。

接下来我们落座，开始拍摄访谈，他看着我说：“迪安，很抱歉我刚才表现得有些奇怪，因为我被你镇住了。你在镜头前表现得那么好，你简直就是这个舞台上的一个传奇。这么多年来我一直是你的头号粉丝，能够和您做这次访谈让我感到十分兴奋。我只是有些紧张，不过现在已经好了。”

现在，你能想到我当时做了什么吗？因为觉得这个电视节目主持人冷落了我，不相信我，所以我紧张了一个小时，还在内心编造了有关这个主持人觉得我是个笑话的想法。然而我彻头彻尾地错了！这简直是浪费精力，不是吗？我觉得自己很蠢。但至少这件事有了不错的结局：我登上电视，说出自己的心声。他对我做了很好的访谈，这次电视直销节目成了我做过的规模最大、最优秀的节目。它大获成功！

仅仅那次节目就卖出了上万本书，而我也就如何安全地投资房地产为美国的许多家庭提供了帮助。

我为什么要说这个故事呢？这与让我们获得更大成功的售后秘诀有什么关系呢？这是因为，当时我已经是一位经验丰富的企业家，一个有着很多巨大成就的百万富翁了。我已经在按照“不想当然”的原则生活。尽管如此，我还是做了一些不正确的假设。因此，我们要时刻提醒自己这条“不想当然”的原则，同时要认识到，如果你做了这样的假设，那么你就没有做到为了更上一层楼而去关注人际关系。

你可以回想一下，问问你自己有多少次在商业伙伴、配偶、孩子、同事、老板或员工那里犯了同样的错误？你的头脑开始像一列失控的货运火车一样发出嘎啦嘎啦的声音，这些疯狂的、加工过的想法会毫无缘由地给你的人生带去额外的压力。好吧，如果这种情况发生在你的个人生活中，那么它也一定会发生在你和客户之间。你是否觉得自己知道他们在想些什么？但你真的知道吗？你应该尽一切可能去真正地了解，而你会看到，无论你将这一原则应用在人生的什么领域，它都能帮助你有所发展。

第九章

快乐的力量

你如果真的重视服务、创造并将你想做的事情付诸行动，就不会有时间去听消极的东西。它会变得喑哑无声，渐渐消失，最终变得几乎不存在。如果我们停顿的时间足够长，那么这个消极的声音就会回来。如果我们无法积极投入自己所做的事情，那么我们的注意力就无处可去，最后我们只能聆听内心那些厌恶我们自己或认为我们做不到的声音。培养自己的专注力是一项非常有趣又很酷的练习，它可以让你不断行动，同时给你带来自信。

——玛丽·弗里奥接受迪安·格拉齐奥西访谈时所言

随着你日渐成功、收入的提高和需要承担的责任的增多，你不可能忽视自己从中感受到的快乐。如果你没有下意识地去保护这份快乐，那么它会悄悄溜走。我将与你分享 10 种保持快乐的习惯，它们可以让快乐成为成功的核心要素（而不是让成功成为快乐的核心要素）。是的，你没看错：快乐可以带来成功，而非成功带来快乐。在当今社会中，我们常常认为如果自己有了钱、公司利润丰厚或者我们名利双收，我们就会变得很快乐。

实际上，阻止那些半途而废的人过上真正充实生活的最重要的原因之一，就在于他们认为如果自己获得了成功，就能收获幸福。以你自己的生活为例。你是否也认为，如果自己从事某项工作或者开始了自己的事业，快乐就会随之而来？你是否曾经觉得，一旦你赚到一定数量的钱或者有了爱你的丈夫或妻子，抑或只要你有了孩子或者减轻了体重，你就会变得快乐起来？这么说吧，虽然我不想破坏你的美好想象，但很多这么想的人最终都发现自己错了。

我如果不让你知道这个秘密，就是在给你帮倒忙。是的，你可以用正确的习惯让自己获得更多财富，但为什么要让自己放弃快乐呢？有财富却没有满足感会让人感到空虚。让我来帮助你实现这一切吧。

如果这些年来我们的快乐一直在减少呢？如果快乐是一切的前提呢？如果它是成功、富足、成就、减肥、激情、亲密关系和爱的前提呢？如果我们大多数人并不真正知晓变得快乐的方式，但我们却觉得只要自己达到某个目标就能获得幸福呢？想想我们对自己说了些什么吧：“只要把生意做起来并正常运转，我就会开心了。”“只要买到梦想的房子，我就会心满意足。”

你看，我们大多数人都是让我们对外部事物的欲望来引导自己。我们常常觉得：一旦有了新房子或新工作，我们就会快乐起来。但你猜怎么着？外部事物带来的兴奋感会消失。你是否想过，一旦我得到升职或加薪，我的好日子就来了？接着事情真的如你所愿，你可以按你的收入水平消费，你买了一些新的东西，改善了你的住所，心想着：我现在之所以快乐，是因为我赚得更多！然而几个月之后，增加的收入和你买的东西已经不再能够让你满意。

虽然我主张通过正确的习惯来增加你的财富，让你变得更加成功，但是除非你能够得到内心的满足，否则再多的钱也不会让你快乐起来。不过，如果你在内心满足的基础上有了更多的钱，这时你就能够更上一层楼，同时获得真正的成就感。

我的一个朋友曾经告诉我，有对夫妇一辈子都想搬到美国西海岸去，妻子只是想每天看着夕阳和大海。于是他们开始攒钱，在工作了许多年之后，一退休就搬去了加利福尼亚。现在他们每天晚上都可以坐在露台上看太平洋上的日落美景，他们实现了这个难以置信的目标。你自然会以为他们的人生完满了，他们可以从此过上幸福快乐的生活，对吗？大错特错！在那栋房子里住了 18 个月之后，他们十分恼火，并决定：“我们要在这些窗户上安装百叶窗！每天晚上做饭的时候，太阳光都照得我们睁不开眼。”

你看，外在的世界只能给你短暂的快乐。我们都想要更高的收入、理想的体重、健康的身体、美好的生活方式、更多钞票、真爱、亲密关系和激情，我太清楚这些欲望及其附带的好处了。但如果我们学不会让自己发自内心地快乐，那么这一切都会消失。而最神奇的地方在于，如果我们找到了自己内心的快乐——这不是一件容易的事，那么我们想要的东西将会在突然之间变得更容易得到。当你学会发自内心地快乐时，上述我们想要的那些东西将会变成你所创造的快乐的副产品，而这与大多数人的想法恰恰相反。大多数人都认为，只有获得了成功、金钱、跑车及钻石戒指，我们才能实现幸福。这种想法彻底错了，而它也是许多人忙忙碌碌，最终却变得十分沮丧的原因。

让我们看看快乐，以及多年来我在写书、阅读其他有关成功的优秀作品及结交亿万富翁和总统等改变世界的人的过程中所学到的东西吧。我从这些经历中列出了 10 个具体的习惯和思维模式，在我看来，它们是通往快乐的最佳捷径。就像我常说的那样，我只想给你秘方、配料和指导，让你以最快的速度明确你对成功的定义。

快乐习惯 1：明确快乐的样子和感觉

想象我们现在坐在一家餐厅里，我问你："在你的内心深处，有什么可以让你感到快乐的？"你会有答案吗？你知道你的快乐之源是什么吗？我相信这对我们所有人来说都是一个难题。我之所以觉得它很难，是因为我们总是想要定义快乐，并且将其与别人的定义相比较。别人对快乐的定义或许是拥有跑车和豪宅，但这并不意味着它一定就是你的定义。老实说，如果你在 5 年前问我这个问题，那么我可能很难找到答案。那时我并不清楚幸福对我真正意味着什么。回答"和我的孩子在一起"是很容易的，尽管这也没错，但它不过是个习惯性的回答，而不是经过深思熟虑的真正答案。但我想让你彻底明了到底什么能让你真正快乐起来！

现在，请立即花一点时间想一想，或者写下那些让你发自内心地微笑、眼前忽然一亮以及让你感到充满乐趣的事情。什么可以让你真正快乐起来？来吧，好好想想。我们要的不是那些你可以条件反射似的给出的习惯性的答案。回想你还是个孩子或比较年轻的时候，是什么让你感觉平静？是什么让你兴奋？是什么让你微笑？是花时间和小伙伴们在树林里玩游戏，呼吸新鲜空气吗？是参加体育运动或钓鱼吗？你喜欢去海边，感受沙粒流过脚趾的感觉吗？我自己很喜欢待在树林里——我热爱高山、溪流和大树。这可能与我在纽约北部长大有关，我的祖父常常带我去钓鱼。他是一个伟大的榜样，是我深深敬爱的人。当我身处自然之中时，我真的十分快乐。如果我能在野外花上一整天的时间，那里有高大的树木和清澈奔涌的溪流，那么这将给我带来一种无法言喻的幸福之感。

当我和我的孩子在一起时，当我觉得我在引导他们正确地生活时，我也会感受到快乐。当我激励他人做最好的自己时（例如现在，希望如此），当我在讲台上或在镜头前讲课时，这一切都会给我带来深层次的快乐。那么你的清单上都有什么呢？

具体而言，今天你的列表上都有什么呢？如果我在 5 年或 10 年前创建这个列表，那么我的答案会大有不同，其中有的会十分物质，而有的则会令人汗颜。所以请确保你考虑的是你当下的快乐。

此外，请不要混淆幸福和目标。我还是有一些物质、财富及成就方面的目标的。我不会停止进步，但我知道目标和让我快乐的事物之间的区别。我希望你也能区分它们。

在寻找快乐的过程中，你首先要仔细思考并定义快乐在你当前生活中的概念。所以你可以试着这么做：快速记录，不要多想。不要局限在你做的事情上，它们还可以包括让你感到快乐的想法、让你感激的恩惠以及给你带来快乐的活动。写吧，写吧，写得越多越好！然后回顾你的列表，圈出 3~5 个你最认同的项目，它们通常是你的首选答案。

快乐习惯 2：友好对待当下

不，这里的当下（present）指的不是圣诞节圣诞树下的礼物[①]。我说的当下就是现在，即我们生活的每时每刻。你必须让它成为你的朋友。我们很多人在生活中都期待明天、下周、明年，却不能与当下友好共处。我们常想着："等到我升职，等到我开办自己的公司，等到我的公司赢利，等到我的妻子或丈夫真正懂我，等到我的孩子不再用尿布，等到他们上了大学或者等我减了肥，只有到那时我才能变得快乐起来！"这种想法只是将快乐推迟到未来某个不确定的时间的借口罢了。但当我们这么做的时候，你猜会发生什么？我们永远等不到这一天。这就是为什么我们必须从当下出发。为什么不能让自己现在就快乐起来呢？

当你说了太多"等我""等到"（比如"等到我升职，我就能放松一下，享受生活"）的时候，你所做的只是把你的快乐推延到未来，因为你在心理上将自己置身于当下之外的另一个时间了。有多少次，我们都是在等待幸福，等着某些事情发生。如果我们抛弃这种思维定式，友好对待当下呢？如果今天就是不可思议的一天呢？如果我们不再活在过去或未来，而是决定此刻就快乐起来呢？如果我们从今天开始做更多让我们快乐的事情，专注于更多给我们带来快乐的想法呢？

---

①　在英文中，present（当下）一词也有"礼物"的含义。——译者注

就在此刻！你可以决定这么做，一切都在于你的选择。

你是否曾多次陷入沉思，想着未来可能会出现什么问题，或者想着“如果我要这么做，那也是下个月或明年了”？然后发生了什么？当你陷入消极思维的泥潭时，你只会担心某天会出什么事，而你的士气就像滚雪球一般越滚越低。你预测的是未来，而且是消极的未来。然而，事实却是你不知道未来会怎样，也不知道事情最终会如何结束。带着错误的思维生活在距离未来十分遥远的当下，你自然不会有多么快乐。

选择在当下好好过，而且现在就选择！你要知道，每时每刻都有因果联系，因此我们必须时刻保持活在当下的状态。尽管这条建议听起来很简单，但你应该好好想一想其中的含义：如果你对自己的生命、健康及此刻的所有机遇都心存感激，那么会怎样呢？

当你可以坦然地让过去的事情都过去时，你就不会再去关注虚幻的未来，而是活在当下，这就是感激和幸福的开始。正如埃克哈特·托利在他精彩的著作《当下的力量》中所写的那样，当你活在“当下”时，你最终会找到内心的平静和快乐。所以不要再延迟自己的满足了！你有权现在就快乐起来。

快乐习惯 3：停止过度思虑

你是否听过“过度分析导致瘫痪”的说法？我们之所以无法过上想要的生活，仅仅是因为我们想得太多。我曾经在许多不同的环境中反复见证过这种情况，特别是在人们开始进入事业或财富的更高阶段的时候。其结局就是我们想得太多，分析得太多，然后发现自己被困住了。

不管你有什么样的目标，想得太多都会让它难以实现。多年来，我在我的房地产教育课堂上总是会看到这样的情况。我曾经参加过一个活动，在那里我见到了许多人，和我的学生握手，签售我写的书。很多人都会这样对我说："你知道吗，迪安？我非常想做成第一笔交易，我不讨厌看合同，但我首先需要了解方方面面的细节。在我开始这项事业之前，我需要获得 MBA 学位，积蓄资金，攒到一笔钱，找到一位合伙人，或（请填空）。"你看，他们总是在说自己还没有做到的事情！而我已经做了成千上万笔房地产交易了。如果成功有其秘诀，那么你所要做的就是遵循这个秘诀。你没必要从头开始去琢磨一道菜怎么做，对吧？别想太多，否则你永远什么都做不了。

我曾经遇到过非常渴望恋爱的单身人士，他们想得太多，以致没能成功恋爱。"我该和她相处吗？好吧，我可以试一试，但她可能会变心。她最终可能会伤了我的心。我们有同样的宗教信仰或精神信仰吗？如果没有，那么这可能真的会带来麻烦。你知道吗？也许我还是不要和她好了吧。"

你甚至没试一下就放弃了！如果那个人就是你命中注定的另一半呢？但你却因思虑过多而错过了这个机会。

因此，你要获得树立自信所需的知识，但不要陷入无休止的疑问、思考和循环分析。如果你的内心告诉你应该行动起来或者你的潜意识告诉你要努力，那么你应该别想太多并开始行动。

快乐习惯 4：聚焦积极的结果

这是给你的生活带来幸福并让你提前得到想要的东西的有效方式。我知道这听上去很简单，但我不会透露自己听别人说了多少次

“哦，迪安，你太乐观了”。是我过于乐观，还是我真的了解自身的潜意识的强大之处呢？听着，你的精力应该用在你的目标上，你可以选择是将它用在积极方面还是消极方面。

我知道，太多人都很在意生活中什么会出错，却不关心哪些事情可以顺利进行。某天他们可能会感到有些疲惫，也会想象最糟糕的情形：“如果我真的生病了怎么办？如果我患上流感怎么办？我还从来没打过流感疫苗。如果我患上了致命的疾病怎么办？我没有医疗保险——天哪，我有麻烦了！”你猜后来怎么样了？这样的人会让自己相信自己生病了！然而我们为什么不将精力放在积极的结果、健康的身体、更多的财富、幸福快乐以及生活富足上呢？我们应该将注意力集中在身体健康和长寿上。

让我们想一想以下这个研究的结果。研究人员考察了在一条只有一棵树的路上开车的情况——在这条道路上发生的所有交通事故中，司机开车撞上那棵树的情况占了绝大多数。因为人们可能会开着车安全地在车流中穿梭，也可能会失控，这时他们会想：“我不想撞到那棵树。我不想撞到那棵树。我不想撞到那棵树。”然后他们怎么样了呢？他们还是一头撞上了那棵倒霉的树。

这个世界已经设定好了它的运行方式，让我们以某种特定的方式思考自己面临的情况。当事情发生时，我们的大脑会立刻这么想：“哦，不，这太糟糕了！如果这样，如果那样，天哪，可不要这样啊！”我们对此的解决方案是：敏锐地观察你的想法。这种方法对我是有用的。现在，当这种“如果这样该怎么办”的想法试图进入我的思维时，我会说：“不，不，不。我可不能这么想。”是的，我可以专注于消极的方面，可以因为可能发生的事情而感到担忧或紧张，但我在很多年前就决定不再这么做了。既然你可以关注可能出现的问题，也可以关注好的结果，那为什么不将你的精力放在好的结果上呢？

过去我常常在意不好的结果，下面这个来自我个人经历的故事说明了这种关注带来的危险后果。有很多年，因为满脑子都是纷乱的思绪，我每天都在凌晨两点醒来，而且我一度认为这样的早起是我成功的原因之一。当我醒来的时候，我会开始思考当天要做的事情，什么可能会出错，甚至会试着在问题尚处于萌芽时就想办法解决它们！而我多半无法再度入睡，因为我会纠结于这些想象中的坏结果，变得有压力。终于有一天，我对自己说："不能再这样了！我要改变醒来时的这些消极想法，从而瞒过我的大脑和潜意识。从现在起，我要专注于这些情况的积极结果，而不是在脑子里给它制造一个消极的结果。"你猜后来怎样？我可以想象成功和快乐的结果，而且最终能够得到身体所需的睡眠了。我花了一些时间才完成了从想象消极结果向想象积极结果的转变。但是当我用赋予我力量的习惯去取代消极的习惯时，这种习惯最终延续了下来。

特伦特·谢尔顿曾是美国职业橄榄球大联盟球员，也是"康复时光"（Rehab Time）的创始人，他每周都会通过社交媒体传递他那强有力的、鼓舞人心的、令人振奋的内容。特伦特已经超越了他作为橄榄球运动员的身份，成了一名了不起的励志演说家和鼓舞人心的领袖。作为一名橄榄球运动员，他可能一直都是公众关注的焦点，但他更有名的地方在于，每个月都有数百万人观看他的视频和推送。人们向他发去成千上万条感谢信息——他对他们的成功做出了卓著的贡献。然而随着曝光的增多，负面的东西——来自憎恨他的人——也随之而来。

当初我采访过特伦特，我们的对话让我获益良多，其中就包括他的幸福习惯，这种习惯可以帮助他有效应对他在网络和现实生活中遇到的悲观主义者和反对者。

“首先，我会认为那些发信息污蔑我的人来自一些对我失望的粉丝。在潜意识中，他们依然需要一些希望或动力。向下滚动鼠标，我会很容易看到我发布的视频下方的留言，它们会立即影响我的心态。我和其他人一样也是人。但当我给这些负面留言赋予新的意义时，它们就会给我带来新的做法。我不再认为‘是因为我做了什么才招致这种结果’；相反，我会这样想：‘这个人依然需要帮助，希望他还会来看我发布的内容。’但我控制不了他们，只能控制自己的行为。于是我会用那些被我的言语所鼓舞的人留下的积极内容作为推动自己的燃料。为了进一步保护自己，我会精心挑选我选择关注的对象、我做的事情、我观看的内容，说老实话，我甚至会很挑剔我的谈话对象……当有人打电话给我时，我会非常在乎给我打电话的是什么人，因为我知道这样的人要么想从我这挖到什么，要么想给我制造点八卦或戏剧化的内容，所以我常常告诉自己要保护自己内心的平静，必须在我和他们的消极信息之间建立屏障。每一天都要守护自己内心的平静，这样你就会发现自己变得越来越幸福和快乐。

“为了以最好的状态开始新的一天，我还有另一个习惯。醒来时，我会将自己的心态设置在我所谓的冠军模式上。我会感谢生活给我的机会，让我有新的一天可以全力以赴。这对于保护我的自信和保证我内心的平静来说至关重要，因为我们总是意识不到自己所拥有的机会，不知道我们每天都在为这个世界贡献自己了不起的能力。上帝给我们每个人都赋予了内在的天赋，我们如果不能保持平静，那么就无法分享和利用它。做你必须做的事情，保持内心的平静，向这个世界展现你的品质吧。”

所以要像特伦特一样，你不能让那些反对者在生活的方方面面拖你的后腿。你可以转换他们的说法，试着给它赋予新的意义。“保护内心的平静”是特伦特常挂在嘴边的说法，你也应该这样。在相当多的情况下，我们会选择承受痛苦。因此，你必须养成新的习惯，尽可能不再承受这些。你很棒，你应该让这个世界每天都看到你了不起的一面。

快乐习惯5：不再执着于特定结果

这是改变游戏规则的习惯，虽然并不容易做到，但相当有效。我们常常会预测做一件事的不同结果，但最终我们往往会被自己的预测所困扰。“如果我投资这笔交易或者和这个人合作，那么我们就能获得数倍于此的回报，事情看起来就是这样。”然而结果并非如此，于是你的快乐也随之而去。你对自己说：“这不是我想要的！这和我的预期不一样！这是不对的！”有时你点了牛排，但服务生却给你端来了鸡肉，你突然就怒了：“这不是我点的！我简直无法相信你们会这样！”

我们在人际关系中也会犯同样的错：“我们打算明年结婚并去夏威夷度蜜月，事情就是这样。”然而，如果这一切都未成真，我们会马上生气，或许这段婚恋关系中的幸福感都会降低。

请记住托尼·罗宾斯说过的话：“如果事情是为我们而来，而不是冲着我们来的呢？”想象你划着独木舟顺流而下，突然之间，激流将你推离了航线。你可以抵抗它，说：“我必须逆流而上，回到我原先的航线上去。”但这么做难道不需要付出极大的努力吗？如果在独木舟偏离航线的时候我们不生气，而是说“如果稍稍偏离方向就是让我的人生更上一层楼的战略的一部分呢？也许这就是为我而来，而不是针对我的；也许我应该趁着这股激流前进，看看我会到达何方？”，事情又会怎样呢？

很多时候，当一个人创办自己的企业时，最初的想法都行不通。这时，他就会改变思路，在另一个完全想不到的方向上追求成功。以推特为例，它的诞生几乎是一个意外。推特最初是几个合伙人开创的播客公司，用户可以给他们打电话，开通播客，而且那时候它的名字甚至还不是“推特”。后来，iTunes 高管层宣布他们打算在所有的主要苹果设备上提供播客服务，于是欧迪欧（Odeo，现在的推特公司）突然就完蛋了！合伙人开了一次又一次头脑风暴会议，想为公司找到新的方向，最终他们想出了现在人尽皆知的推特！如果这些企业家因为最初的理想受阻而就此放弃，那么他们永远不会获得成功。

当你执着于为了获得特定结果而“按路线前进”时，你会在事情不成功时变得不开心。你如果因此陷入痛苦之中而不能自拔，那么永远也不会成功。你会失去自信，变得沮丧甚至一蹶不振。当我认识到这一点之后，它改变了我生活的各个方面。如果我开创了一项事业，但它开始按照我未曾想到的方向发展，那么我会顺其自然。兴许这就是引导我走向成功的方向！当你不再执着于某个特定的结果时，期望的重担就会从你的肩膀上卸下。你会立即变成一个全然不同的人，而你的快乐感也会急速上升。

快乐习惯 6：不要害怕失败

从小，我们就被父母教导失败是坏事。但说实话，“失败是成功之母”。现在，我正看着墙上的一句来自温斯顿·丘吉尔的名言，他说：“所谓成功，就是不停地经历失败并始终保持热情。”在你的人生中，你最后一次欣然接受失败是什么时候？

通常，如果你没有经历过失败，那么这意味着你对自己不够狠，而且你没有尝试新事物；也意味着你恪守成规、随波逐流或因循自己老一套的做法。然而事实却是，你永远不会在“自动驾驶”模式上实现你的目标。

因此，我经常谈论失败，你也可以改变你对失败的定义。我希望你能够自豪地说：“今天我失败了，但尝试了一些新东西。”我经常这样问我的孩子们：“今天你失败了吗？”当他们回答“没有”时，我会对他们说：“好的，那么你没有跳出自己的框框，或许你们没有尝试新事物。”我这么做是为了改变他们对失败的认知，帮助他们将其视为成功的先决条件。

当你欣然接受失败时，你将不会在事情没有按计划进行时感到伤心。我曾经通过电子邮件询问我的无数客户：是什么阻碍了他们开启自己的梦想？害怕失败是其中一个常见的答案。但如果你能够摆脱这种担忧的心态呢？如果你可以做到，那么你就能用接纳生活中的变数来代替这种担心。加拿大知名职业冰球运动员韦恩·格雷茨基的话很好地印证了这一点：“如果你不出手投球，那么你 100% 会失败。”接受失败，将其当作成功的必要组成部分及每天都要做到的目标。

快乐习惯 7：放下怨恨

我知道要做到这一点很难。但当你心怀怨恨时，你就牺牲了内心的快乐和你的健康与成功。你是否曾经对父母、老板、亲戚或对你做了坏事的人心怀怨恨并且一直耿耿于怀？但你要知道，怨恨对伤害你的那一方是没有用的。无论你有多么气愤，你充满怨恨的想法都伤不了其他任何人一根毫毛，而只会伤害你自己及你未来的成功。你必须放下所有的怨恨，但我知道这么说比做起来更容易。

在我的成长过程中，我有自身的问题，同时也有对我父母的怨恨。有时我觉得自己孤身一人，得不到他们的支持。在无人知晓的情况下，我对此怀恨了很长一段时间。

我会梦见他们，想着他们并且会被他们惹怒。但所有这些困扰都让我无法变得更加快乐。然后有一天，我放下了这些怨恨并对自己说："如果事情朝着其他方向发展，我将不是现在的我，我不会成为现在这样一位父亲，也不会成为激励他人的人。这些事情完全按照它们应该的方式发生了，我原谅了相关的人，我的怨恨消失了！"

当我放下那些怨恨时，我变得比以前快乐多了。放下曾经的怨恨是我做过的最能释放自我的事情之一，因此我想督促你也审视一下自己的人生，找到你可以放下的怨恨。如果你可以这么做，那么你就释放了你自己，而你也会因此成为最好的自己。

快乐习惯 8：对你眼前的一切心怀感激

我们都明白，感激是快乐的基石。这是你每天都必须有意识地去留意的事情之一。你可能正在苦苦挣扎，需要钱，欠了债或有账单未还，抑或你正在办理离婚，但你总有机会在我们的生活中找到值得感激的事情。

我知道，生活有时会给你带来沉重打击。但感激可以让你克服任何不愉快的事情，而培养感激之情的最佳方法就是从你欣赏的小事开始。你可以因为陌生人的一个微笑、孩子的一个拥抱或配偶的一个眼神而感激。你可以因为住在一个让你随心所欲释放自己的地方而感激，在那里你有做最好的自己的自由。你可以因为蓝天、白云、鲜花、绿草而感激。对了，你还可以因为自己的心脏从来都无须你的留意就能默默跳动而心存感激。

此外，没有成就感和快乐感的成功实际上是巨大的失败。因此，我希望你今天就能找到值得感激的小事并从这里开始发展你的感恩之心。当你可以训练自己因为一顿简单的午餐或一个拥抱而心怀感激时，这些小事的累积会让你每天的感恩变得更有意义。

快乐习惯 9：不要满足于“刚刚好”

不要安于现状，这种满足会让你的快乐在一瞬间消失。你不要说“我的人际关系已经够好了”，而要说“我的人际关系不够完美，我希望更加努力，让它变得更好”。在生活的方方面面都要追求卓越。当你很容易满足时——无论是在收入、工作还是人际关系方面，你就会失去生活中的许多乐趣。

你要对“刚刚好”说“不”并将这种说法从你的人生中剔除，因为“刚刚好”意味着你会在潜意识中告诉自己：“你不够好。你也不会变得更好。其他人会快乐，会变得富足，但你不会。你现在这样已经足够好了。”这是一派胡言！不要再对自己说一切都好了，因为这等于是在潜意识中毁掉了你未来获得幸福、快乐和满足的机会。

你不用说“现在我的人生已经很完美了”，而你可以诚实地说“今天还不错，但我要做到更好”。我知道，你还想要更多，因此请继续下去！对我的学生及对任何阅读本书的人来说，仅仅“刚刚好”是不够的。人生的更高阶段就在眼前，现在该你去把握它了。

快乐习惯 10：成为更崇高的信仰的一部分

这指的是你要追求与上帝或任何更伟大的力量的精神联系，与它们建立关系。你必须让自己成为比你更崇高的信仰的一部分，它会将你的信念提升到更高的层次。大胆去探索适合你的信念或传统的精神信仰吧。它可能是常见的宗教（如禅宗或其他有组织的宗教），或是你个人对上帝的信仰。当你可以将自己与高于你的信仰联系在一起时，你的快乐就会被放大。

我知道，你买这本书是为了发现创造财富和富足的习惯，而我也敦促你去追求它——赚你想赚的钱，但我也恳求你认真对待本章，将快乐当作人生的基础。当你选择将这 10 个快乐习惯应用于人生的任何方面时，你就会更轻松、更快速地获得成功。如果有哪一章是我想让你一读再读的，那么它就是这一章——请将这些习惯牢记于心。此外，我还建议你在接下来的几个月内循序渐进地应用这 10 个快乐习惯。你可以在接下来的 10 个星期里每星期专注于一个习惯。现在就开始微笑吧！

第十章

成功妙招

电影《追梦赤子心》正好触碰到了美国失败者的敏感神经。失败者心理是非常顽固和有力的。如果你是个失败者，那么你的肩头就会有压力，你不得不一直努力工作，只能接受自己变得卓越，而且会一直追求卓越。你不会试着做到完美——你只会尝试创造完美的时刻，但你不会变得完美。而这并不意味着你不会努力。我认为努力的关键在于你需要找到合适的人和你一起并肩前行。

——鲁迪·鲁蒂格接受迪安·格拉齐奥西访谈时所言

本章就好似充满成功小妙招的限时抢答，你可以随时调整这些方法来适应你的生活。当然，有助你走向成功之路的习惯、日常活动及小妙招数不胜数，这里列出的是我最喜欢的一些，你可以轻松快速地将它们融入你的日常生活，而它们将会给你带去超乎想象的影响。

每天用一点时间来激发创造力

我们常常会陷入重复的事情或活动之中，每天做着同样的事情。有时，我们觉得自己就好像在仓鼠轮或跑步机上奔命。如果出现这种情况，你就没法让自己的创造力、新创意、梦想、愿景及发明得到完善和付诸实践。

你不妨每天给自己留出 10~30 分钟进行创造性思考，不要回复电子邮件，不要看你的待办事项，也不要发短信或刷社交媒体。你要做的只有思考。每天清晨，我会在锻炼之后，在我的孩子们起床前这么做。我会聚焦人生的下一步：我应该在自己的书里写些什么？今天我可以和人们分享哪些能够改变他们人生的最有力的想法？我的下一集节目可以做什么内容？

在锻炼自己的创造力的同时，你会得到灵感。我不在乎你觉不觉得自己有创造力，你就是有。你如果和大多数人一样，就不会将自己的成就归功于你的各种创新。你创造了新的人际关系、业务、职业、可以和孩子们一起玩的游戏、打理庭院的有效方式或者一个让你的配偶开怀大笑的角色。我们如果无法首先想到这些创意，就会在生活中一无所获。看看你的周围。那盏灯、那把椅子、那幅画——首先要有那些构思它们的人的创意，然后这些东西才能变成现实。

你如果想不起来每天抽时间进行创造性的思考，就没法滋养你的灵魂，但你又不希望它枯萎。有时，我会花一整天时间来做有创意的事情，去寻找激发我的思维、让我充满干劲并能让我对人生下一个阶段有所期待的事情。我们每个人都对创造性活动有自己的定义，它可以是绘画、写作、雕塑、发明、数字设计或让你充满灵感的其他各种事情。无论这件事是什么，你每天都要安排一些时间去做。

心怀感激地看待其他工作

这到底是什么意思？我知道，我们之前已经讨论过感激的问题了，但我希望给你提供更多方式，让你能够留意到值得感激的事物并表达自己的感激之情。无论你要感激的事情是大是小，你都需要找到一种向外界表达这种感受的途径。但有时这么做很难，不是吗？你很忙，你同时要做10件事，而感恩并不是你脑子里最重要的事情。

所以，我的做法是观察其他人的工作，通过这种方式来创造感激的意识。我不在乎你做什么工作——但我知道这会给人带来压力。更严重的是，这可能会让人不堪重负，或者让你觉得自己在做一些琐碎的平凡事情，觉得自己一点也不重要。因此，当我看到人们努力工作而弄脏自己的双手时，我会在心里对他们说声“谢谢”，以此传达我的感激之情。

这里有一个例子。我住在凤凰城，这儿的夏天异常炎热。在最近驾车四处兜风的途中，我看见5个人顶着106华氏度（约为42摄氏度）的高温在屋顶上工作。为此我注视了他们一会儿，送去我对他们的敬意。这不是什么愚蠢或新潮的把戏，这就是我的做法而已。我对自己说："他们太棒了。谢谢，伙计们。"他们要照顾自己的家人，还要辛苦地让我所在的这个城市的房屋看上去更漂亮。与此同时，我也意识到我要对自己从事的工作心怀感激。每一天，我都会看见勤劳的人们做着艰苦的工作，这让我对自己的生活充满感激，同时我也会将这份感激传递给其他人。

设置感恩提醒

除了洗澡这样的事，如今的手机几乎可以为你完成生活中的任何事情，因此我喜欢使用手机里的每日提醒功能，让自己记得感恩。这是我从好友布兰登·伯查德那里学来的一个妙招。在我们疯狂忙碌的一天里，我们不仅会忘记感恩，还会感到沮丧、不堪重负、恼怒，也会变得悲观或不开心。因此，我在手机上设置了三个不同时间点的闹钟，并为它们附上闹钟响起时弹出的提示内容。早上10点的提示是"乐观、热情，心中有爱"，下午3点的提示是"你可以应对任何事情"，最后在晚上7点——这时我通常和家人在一起，我看到的提示是"你真的很幸福。要感恩"。我无法准确地告诉你有多少次我恰恰在这些时间点上需要这些信息！这些小小的提示可以让我从正在做的事情中抽出30秒时间来感谢我在这个世界上所拥有的一切。这么做的好处是，这种提醒和提示消息常常会将我带入一个更好的状态。

储备现金

相信我：你必须养成存钱的习惯。我不在乎你一周能赚 500 美元还是 50 万美元，但你至少要从中存下一些钱来。世界上总有这样一些人，或许你也认识一些：他们赚多少花多少，花完了再去赚——他们如果赚到 1 美元，就可能会用掉 1.25 美元。

但你以前一定听过这样的建议。你的父母、财务顾问及你的配偶可能都曾坚持让你存钱。然而，这种成功诀窍与其说是与钱有关，不如说是和信心有关。

当你把钱存起来时，这种做法其实会对你的信心产生积极影响。在你的内心深处，你知道自己可以经历任何打击。在某个月收入不佳、连续 3 个月收入不佳或在你因摔断了腿而无法工作等情况下，你都能自如应对、心态平稳，因为你知道自己和家人在你的伤腿痊愈之前不会有生计之忧。

然而，你若没有任何积蓄，那么会一直担心自己的未来，哪怕这只是一种潜意识。而这是世界上最糟糕的感觉，它会动摇你内心的自信和安宁。你会开始这么想："如果接下来几个月收入还是这么少，我可能要付不起房租了。我没有为退休存钱，也没有积蓄。我无依无靠！"那么我要鼓励你，无论你的收入情况如何，请养成每周存一些钱的习惯，甚至在艰难时期也不要中断。存多少钱并不重要，重要的是那种自信的感觉能够帮助你做出更好的决定。

你是否听过"赔不起钱就赚不到钱"这样的说法？对我来说真的是这样。如果你没有存钱，那么为了避免风险并保证生活无虞，你在决策上会非常谨慎。因此，你可能会错失原本会给你带来极大回报的投资或者说是冒险。你如果没存钱，就会一直做你讨厌的工作，因为你没有给自己留下任何缓冲的余地。但如果你存了三四年的钱，而你的老板对你非常糟糕，最终你忍无可忍，那么你至少还可以选择辞职。但你如果没钱，那么很有可能必须放低你的姿态，忍受这种屈辱。我不在乎你每周能存 10 美元、100 美元或 1000 美元——能存多少就存多少。它给你带来的不仅仅是一笔存款。

偶尔纵容一下自己

这一点看上去有悖于我之前的观点，但请你听我把话说完。你既可以因此拯救自己，也可以宠坏自己。你必须明智地选择如何纵容自己。我没有成百上千的汽车或鞋子，因为对我来说，过多的此类消费品都是浪费。不过，我确实会用那些对我们来说真正重要且会让我们从中获得价值的东西来宠爱自己和家人。

例如，我知道我家在食杂上的开销是一般人的三倍，因为我们家的所有食品都是有机的。我不希望我的家人吃的都是充满化学物质的食物。

我时常会带家人去进行美妙的旅行，我们住最好的旅馆、绝不亏待自己。无论要花多少钱，我都喜欢和家人一起享用大餐。因为这些都是对我辛劳工作的奖励，它们会让我为取得更伟大的成就而努力。这就是我所谓不亏待自己的意义。用能唤起积极情绪的事物犒劳自己，如果在花钱的同时还能创造永久的回忆，那就太美妙了！

如果你可以存钱并且不会把钱用在对你没什么意义的事物上，那么当你需要用真正重要的东西来犒劳自己的时候，你就会有钱去这么做。纵容自己可以给你以力量，可以让你看到什么是常态，可以推动你更加努力地实施你的人生计划，做出让生活变得更好的决定。

投资自己

我真的相信，当我们不再学习时，我们就已经死了。说到人生，我们若不向上攀登就会滑坡。如果你希望赚到更多钱，退休时有更多钱可用或者有更多属于自己的时间和自由，那么请不要停止投资你自己。获得更多知识，这样你就可以将你的人生经验转化为智慧，而智慧将为你提供让你更上一层楼的洞见和指引。目前，我每年投入继续学习的资金超过 10 万美元。你已经读到了这里，这说明我们已经是同道中人了。但是，请记住我之前分享的有关坏建议的内容：一定要向那些已经实现了你希望达成的更宏大的目标的人学习，去找一位导师或教练来指引你，去参加实习，从那些拥有你想要的成功途径和计划的人那里获取知识。

时常微笑并从中获得力量

我是一个乐观的人，我对人心怀友爱。这看上去很简单，但我知道，保持这种积极、友善的态度可能会成为一种挑战。有时我们十分忙碌，深陷于自己的世界，一直埋头苦干，忽略了我们认为不重要的人，因为我们忙得无法注意到他们，例如送货的卡车司机、建筑托管人和餐厅服务生等。只有在看到某个有影响力的人时，我们才会摆出一副友好的面孔。我向你保证，在我的人生中，我从来都没有态度恶劣地对待过服务生。我总是保持着礼貌谦和的风度。而且在 10 年之前，我决定我不仅要保持礼貌，还要有意识地微笑，与每一个和我接触的人进行眼神交流。这不仅仅是一个让自己保持“风度”的决定，还是一种选择，一种以乐观的、以人为中心的态度为自己提供动力的选择。

不过现在，你可能没法一直保持这种状态。但同时，你也不能因为自己想从别人那里有所收获才对别人好。相反，每一天都努力地去感激每一个人，并且尽可能经常微笑，这样不也很好吗？想想看：这么做会耗费你多少精力呢？一点都不多吧，而且这么做真的能改善你的精神状态，增强你的能量，同时可能还会给别人带去快乐。

在坏事中看到积极的一面

如果你可以养成在坏事中看到积极的一面的习惯，那么你的人生将会有所改变。很多人都会在他们的人生中遇到种种问题并长年累月深陷其中。直到有一天，他们说："我们的关系没能发展下去是件好事，因为后来我找到了生命中的真爱。""我第一份事业的失败真的是件好事，因为我从中吸取了教训，这段经历帮助我实现了下一份事业的成功。"

你认识多少这样的人：他们因为多年前的分手而伤心欲绝，至今不想投入感情？或者他们因为自己多年前的经营失败而再也不敢开办新公司？我相信生活中发生的一切都是为我们而来的，我们可以从中吸取教训，看到它们对我们有利的一面。你如果可以养成尽早发现事物积极的一面的能力，就能改变自己的人生。

快速振作起来

我成功的原因有很多，但我从挫折中快速恢复的能力可以说是最重要的。为什么不让自己成为同辈、同事或员工之中那个能够更快地从挫折中振作起来或更快克服困难的人呢？我已经学会了这个快速恢复的习惯或“妙招”并从中获得了巨大回报。出现问题后，你会为此纠结多久？你会用多长时间在脑海里一遍又一遍地反复思考这些情况？虽然我们应该从失败中吸取教训，但你还是要收拾残局，继续前进。那些最先失败的人往往也是最先找到解决方案的人。

思考解决方案，而非问题

不幸的是，出问题时，人们往往纠结于问题是怎么产生的，到底是谁的错以及“为什么要冲着我来？”。老实说，对大多数事情来说，这么想有好处吗？是的，你可以从中吸取教训，但是你应该训练你的大脑以解决方案为导向。让我们举一个再简单不过的例子。一杯牛奶洒出来时会发生什么？你可以纠结于此，然后问这是怎么洒出来的，是谁干的，这是不是会弄脏地板，会不会发臭，或这么想：“为什么这种事总会发生在我身上？我赶时间呢，现在没法处理这件事。”但以解决方案为导向的人则会拿起一块抹布，捡起碎玻璃，扔到垃圾桶，然后重新倒一杯牛奶。你要明智地使用自己的精力；从问题中学习，但也要解决问题，尽早向前迈进。

养成一种习惯：在出问题时，你应该立即问自己：“我该怎么做？我现在可以采取什么措施来减少损失？”我们应养成这样的习惯，将精力用在解决方案上，而不是去想问题为何会发生，也不要去想该怪罪谁。

向快乐的人请教

每当我遇到那些心情向来很好、经常微笑且总能看到事物好的一面的人时，我都会找他们攀谈。我会问：“你做什么才会开心？”正如你此刻已经猜到的那样，我喜欢问别人是什么让他们变得开心。有时你会得到一个有趣的笑话，你也跟着捧腹；有时你会得到一个经过深思熟虑的答案，它会给你带去深远的影响。当你看见快乐的人时，请和他们交谈，看看他们是如何保持这种状态的。

我的好朋友约翰是我认识的人中最爱笑的。他拥有并经营着一家价值百万美元的公司，他肩负的责任和压力巨大，他还有三个年幼的孩子，但约翰可以从最简单的事物中看到有趣的东西，而且他的笑声非常有感染力。因此，我自然会问他是什么让他如此快乐。他告诉我：“我自己每天都在想，我能够来到这个世界，又能如此生活，还能拥有这样的家庭，我是多么幸运！”如你所见，这里没有任何独特的快乐因子。约翰并没有所谓的快乐按钮，只是找到了一种通过日常感恩来获得快乐的办法。

到你的快乐小天地去

我已经在有关“快乐习惯”的前一章中提到了这方面的内容，但这种成功习惯归根结底是要你找到一个独特的快乐小天地或想法。有时，我们会发现自己陷入困境，需要快速应对才能从负面情绪中解脱和振作起来。对我来说，这时的应对方式就是回想自己的孩提时光以及我和祖母在一起的时候。她是我生命中温暖而抚慰人心的光，和她在一起的感觉就像被温暖的怀抱环绕。她教我怎么做意大利菜，星期天的时候我会和她一起坐上好几个小时，而她会给我做好吃得无法想象的意大利菜。这就是我的快乐小天地。因此当我需要快乐的时候，我就会到祖母那里去。我希望你也能找到你的快乐小天地，养成在陷入困境之时提醒自己去想象这个地方的习惯。一旦摆脱了困境，你就又可以开始清晰地思考了。

锻炼身体，保持健康

电影《星际迷航》（*Star Trek*）中的这句经典台词值得你应用于自己的生活。你如果没有强健的体魄，就很难保持健康的生活和思想。正如印度谚语所说的："健康的人有一千个愿望，而生病的人只有一个愿意。"

本书主题并非健康养生，我也不是这方面的专家。但现在有关健康生活方式的知识比过去任何时候都更容易获得。你可以在网上搜索这些知识并养成让你保持最佳健康状态的习惯。如果你没有机会成为你心目中的父母、祖父母、领导者或伴侣，那么赚钱以及获得你想要的所有成就和富足又有什么用呢？

为了长寿和成功，你必须锻炼身体。开始保持这样一个习惯或许很难，但是一旦你让它成为生活的一部分，你就会见证它带来的好处并且会深深迷上它。你可以在网络上找到适合你的身体状况和健康水平的优质锻炼方式。你也可以聘请一位教练来监督你，让他帮助你保持这样的习惯。无论你要锻炼什么，你都务必付诸行动。我发现了一些可以让我进行身体锻炼的理由。最重要的一点，我希望成为自己孩子的榜样。我希望他们看到我将锻炼当作生活的一部分，而不是一件苦差事。因为我明白这样一个道理：孩子不会按你说的去做，而会效仿你的做法。此外，我希望成为一个有活力的父亲，在未来我还想成为一个有活力的祖父。我敢肯定你也想这样。

这里还有一些养成锻炼习惯的其他方法。首先，你可以和朋友开展健康挑战赛，目标可以是减肥、裤子尺码变小、跑步 5 千米，或者你们也可以开展锻炼前后的照片对比大赛。这样的挑战更容易让你保持投入，并且坚持下去。接下来，我建议你组合不同的锻炼方式！不要每天都进行同一项锻炼。你可以散步、跑步、滑雪、游泳、骑车、做力量练习、划船、打网球或进行短距离冲刺。养成每天进行不同锻炼项目的习惯。在开始锻炼身体之后，你也会在其他事情上表现得更好。你会更明智地选择食物，会更加自觉地拒绝成人饮料，而你的睡眠也会开始变得更好。最重要的是，你也变得更好看了。这着实让人上瘾！所以，何不从今天就开始养成这种习惯呢？

花点时间去理解

当一些人做了让你感到自己被轻视、不被欣赏、被冷落甚至不被尊重的事情时，你会变得心烦意乱。这是可以理解的。但在很多时候，我们并不理解对方的真实想法，我们只是觉得他们对我们不好。就像我之前说过的那样，这可能会浪费我们的精力、思绪、时间和注意力。这种情况有时发生在不经意间，我们必须远离这种耗时费力的状态。我们最好不要把自己的时间浪费在揣度别人对我们好不好这件事上。

我曾经在我女儿朋友的父亲那里遇到过这种情况。每次遇到这个家伙，我都觉得他在怠慢我。记得那时我会想："好吧，他可能对我有意见。"他从来都不笑，有几次在我试着和他打了招呼之后，他才勉强说了声"你好"。我让自己相信他要么是势利眼，要么自以为是，但愚蠢的是我从来没和他讨论过这个话题。终于有一天，我决定坐下来和他说话。我们进行了交谈，而我发现自己大错特错！他只不过是个害羞的人，而且还有点缺乏安全感。事实证明，他和自命不凡的人完全是两个极端：他是一个谦虚的人、一位很好的父亲。他只不过缺少与陌生人沟通的自信。

在做出反应之前强迫自己去了解情况，这种做法给我带来了极大的转变。我们要养成在任何感到被冒犯的情况下停下来的习惯，无论这种冒犯看上去有多么恶劣。我们如果试着去理解人们为什么会这么做，就可以避免浪费如此多的精力，也无须承受这么多压力；如有必要，无论别人对我们做了什么，我们都不可以让它影响我们的情绪，这样就能避免为它浪费自己的精力。你如果发现配偶都欺骗了你，孩子对你撒谎，工作上有人试图坏你的事，健身房里有人想取笑你或者生活中有人背叛了你，那么请停下来深呼吸。在生活中出现任何干扰事件之后，你都应停下来做一做深呼吸。拒绝立即做出反应的做法可以降低你的压力水平。努力去了解那个人何以至此，看着他们的眼睛再做出反应。让自己陷入假设的兔子洞是最消耗精力的事情之一。因此，请养成绝不这么做的习惯。

不要随便评价别人

我知道，这么说比这么做容易得多。但当人们问及我的人生何时发生了巨大转变或改变时，我常常会回想起我彻底放弃评价他人的时刻。有人能做到完美无缺吗？当然不可能。但你能做到非常接近完美吗？那是可以的，而且也是可以改变我们的人生的。

当我们评价别人时，我们简直是将精力、时间和思考都浪费在了与我们的事业无关的事情上，而且我们常常缺乏足够的知识去做出正确的评判。在孩提时代，我身边的人都十分喜欢品头论足，我觉得他们的一些态度也渗入了刚刚成年后的我，尽管我觉得自己并不是那种喜欢评判别人的人。然后有一天，这种态度让我受到了打击：那时我正在评判别人，尽管对于他们究竟是在什么样的情况下做出了那样的事情，我一无所知。有时，你可能会遇到大块头，你自然会认为他们懒惰或在饮食方面无节制。当你看到酗酒的人时，你会觉得他们不自律并且应该戒酒。当你看到那些脾气暴躁或无礼的人时，你会觉得他们是坏人。这种习惯性的判断机制存在于我们所有人的头脑中。但当你摆脱了自己的评判惯性，你的整个心灵就会为全新的探索和发展敞开大门。

如你所见，我喜欢通过例子来分享观点。我希望让我的孩子们在很小的时候就能明白这一点，这样他们一生都不会对人妄加评判。在最近五年的圣诞节里，当孩子们打开礼物并完成我们的晨间活动之后，我们就会驾车去凤凰城的市中心。我们带上了许多午餐袋，袋里还有 100 美元。随着汽车开过一条一条的街道，我们找到一些在圣诞节清晨无家可归的人，给每人送上一个午餐袋。然后我们会说："圣诞快乐！"在很多时候，当我们驾车离开时，他们有的会哭泣，有的感到十分震惊，也有的会说："感谢上帝，谢谢！"而这件事的意义不仅仅在于给他们带去食物和钱，而且要让他们感到有人关心自己。我的孩子都已经长大，他们知道有人会说："为什么要把钱给那些流浪者？他们本来可以好好工作，但就是太懒，难保他们不会把这些钱用在毒品和酒精上。"也许他们中有些人的确如此，但我们凭什么这样判断呢？

我能和孩子们分享的教益在于，我希望这些事情能够永久地留在他们的心中，而不是让他们远离那些衣不蔽体、肮脏不堪或闻起来臭烘烘的人。我要让孩子们知道：我们并不晓得这些无家可归的人是不是遭到了家人的抛弃，是不是遭遇过骚扰，是不是被人毒打过，是不是有别人没有注意到的严重学习障碍。我和孩子们分享了无家可归者变成现在这个样子的无数原因。他们中有些人可能会吸毒，可能会酗酒，因为这也许是唯一可以让他们忘记自己的不愉快经历的方式。我常常告诉孩子们，我们不知道他们何以至此，但可以祝福他们好起来，让他们知道有人关心自己并在为他们祈祷，同时也为他们生活中的美好心存感激。是的，这就是我的孩子从他们的父亲那里得到的教益，而他们父亲的童年比他们现在经历的要糟糕得多。我的这种做法可能会帮助成年人变得具有同理心，能够关心他人，不妄加评判并心存感激。我还将继续这么做下去，将这些价值观融入我的个人生活和内心。因此请停止评判别人，让你的内心、思维和情感世界保持开放——而你的收入会在这个过程中变得越来越可观。

帮助那些比你差的人

这个建议看上去和我之前介绍的习惯有些类似，但请少安毋躁，你会看到它们之间的区别。多年前，有个朋友将我介绍给了乔尔·奥斯廷，我们见面时，他邀请我飞去休斯敦见证他的布道。我至今还记得，当时宏伟壮丽的教堂及参加礼拜的那许多面带微笑、快乐的人让我敬畏不已。我坐在乔尔的妻子和母亲身边，真的十分享受那一切。我必须承认，我有很长一段时间没有去过教堂了。我倾听了乔尔的分享，他讲述了一个十分符合我的心声的故事，而且我知道他说得没错。时间已经过去很久，因此我只能尽量分享我能想起来的内容。他说了这样一席话：“当你觉得自己的生活真的很糟，当你觉得你没有足够的钱、没有爱、不够健康或许也不够快乐的时候，请去帮助那些状态比你还要糟糕的人。当你觉得自己的亲密关系出现问题时，请去帮助那些受到虐待的妇女吧，捐出你的时间或金钱。当你觉得自己本应得到提拔或被忽视时，请去拜访无家可归者的避难所吧。我们都有各自的问题，但这些问题之间有着相关性，因此我们还是会感受到痛苦。但我们不可能同时产生伤心沮丧和感激之情。你不妨养成帮助那些不如你的人的习惯，甚至在你情绪低落的时候也这么做。当你帮助境遇比你更糟的人时，你的感激之情便会高涨并赶走你的压力。这对每个人来说都是有好处的。”帮助他们并不完全是一种无私的行为。帮助那些有需要的人很重要，同样重要的是要认识到你也会从中受益。

永远尽力而为

我知道很多人都讨厌他们赖以谋生的工作；他们梦想着、希望着并且尽最大努力去寻找那些自认为喜欢的工作或事业。但在你找到你喜欢做的事情之前，请使用这个成功小妙招：尽力而为，直到你更上一层楼，哪怕你讨厌这件事。是的，无论这是什么事，请 110% 地付出。还记得我之前分享的亿万富翁约翰·保罗·德乔里亚的故事吗？他打扫了老板看不到的角落，而这让他养成了一个他一辈子都在坚持的成功习惯。即使你可能不喜欢某项特定的任务或工作，你也要出色地完成它，而你因此养成的习惯将会成为你的无价之宝。

在我上高中及高中毕业后的几年里，我曾在修车行和父亲一同维修坏掉的汽车。这是一份让人变得脏兮兮、臭烘烘的工作，而我还会因为某些化学物质的伤害而头痛好几天。我的指甲很脏，衣服看上去破破烂烂，实际上我真的很讨厌这份工作。但你永远不会从我的言谈举止中看出我的感受。当客户走进车行时，我知道他们会在心里这么想:“看呐,这家伙很喜欢这份工作!”他们看到的是每天尽己所能工作的我,而且还面带微笑。

我的第一笔大宗房地产交易的客户就是我们修车行的常客。我们常有说有笑,我认为他真的很欣赏我的热情。有一天,我和他说了我正在做的一些房地产交易的故事,以及我如何在资金紧张的情况下把事情做成。他最后借给我 8 万美元,因为他看到了我的热情。然而如果他到店里看到的我是一副落魄沮丧的样子,那么我还能得到这笔投资吗?这个人是不会给我任何时间的!是的,我讨厌修车,但我的习惯是尽力做到最好,直到我可以达到人生的下一个阶段。这就是一个向着那个方向转变的例子。这笔房地产交易最终以 100 万美元成交。我可没骗你!

我喜欢分享我自己的例子,这些例子揭示了正确的成功习惯或“妙招”的力量,因为它们已经成了我的人生和日常生活的一部分。但我不是唯一一个创造这些妙招和习惯的人,它们同时也是这个世界上成就最大的顶尖成功人士的习惯。

9 年前,我在夏威夷的一次周末智囊团上遇到了乔希·贝佐尼。当时他经营的公司已经有了一定规模,并且在营养领域做得相当不错。我们相处得很好,交谈甚欢,随后成了朋友,多年来一直保持着联络。后来,乔希的公司遇到了困难最终倒闭。大约 6 年前,当这件事发生时,我飞去科罗拉多州见他,至今还记得走过他曾经的办公地点时的情景。那儿就像是个鬼城,到处都是没有人用的桌椅,目睹这一切真的让人很伤心。我可以感觉到我的朋友竭力表现出一副快乐的样子,但我知道他的内心非常痛苦。

差不多一年之后,乔希邀请我参加他在得克萨斯州奥斯汀举办的一场小型活动。从某种意义上说,这实际上是他的一次“出柜”派对。他用了足够多的时间去了解到底哪里出了问题，克服了自己脑海里的负面想法和自我怀疑，现在他已经准备好重新创业，哪怕几乎没有启动资金。

从那个重生的时刻快进到今天，现在乔希是世界领先的高端营养品牌碧信营养（BioTrust Nutrition）的首席执行官。这家公司的销售额高达上亿美元，雇用了大量优秀员工，同时提供优质的产品，其中一些我每天都在使用。

那么究竟发生了什么呢？乔希是如何从公司倒闭的失败和巨大压力中走出来的，又是怎么在没有启动资金的情况下创办世界领先品牌的呢？他的答案是："我从我的成功和失败以及尝试和失误中发现，我必须有所改变，同时要培养新的习惯。"

这些年来，他在企业家、营养师和慈善家等许多角色上都取得了令人难以置信的成功。所以，当我写到本书这个部分的时候，我给乔希打了电话，问他是否愿意和我们分享自己的新习惯和成功妙招。乔希很兴奋地分享了改变他的全部日常习惯并亲自录音，然后立即发给了我。

他分享了许多妙招，由于篇幅有限，我没法在这里将它们一一列出，不过我还是可以和大家分享其中的一部分。

- 雇用那些已经做了你想做的事情的人。乔希将这一点视为他的首要成功习惯，他表示自己在开创碧信营养时就是这么做的。大多数人认为自己可以训练人们去完成一份工作，但经验是无可替代的——尤其是当他们有经验而你没有的时候。乔希分享道："不要雇用需要通过培训才能胜任自己岗位的士兵，而要雇用比你更了解自己职责的将军，让他们来招募自己手下的士兵。"

- 将不在自己能力范围内的事情委派出去。听听乔希如何解释这个重要的成功妙招："有 10 年的时间，我曾一度被困在自己的公司里，那里简直像个监狱。我要做各种各样的工作……我有一个很小的团队，公司的利润不错，但我的生活非常糟糕。我每周工作 80 个小时。我本可以用一些利润来委托和雇用更多人，但又觉得凡事都应亲力亲为，否则就会出问题。当最初的那家公司倒闭时，我有了时间去思考到底哪里出了问题以及未来该怎么做，我知道我必须改变。当我创建碧信营养的时候，一开始我就把我不擅长的事情委派出去，接着我目睹了奇迹的发生……我也变得更加成功，因为我变得更加快乐，我不用做自己不喜欢的事，例如会计、HTML（超文本标记语言）编程和过去我尝试做过的各种事情。当我将注意力放在自己的专长（雇用合适的人员，为公司规划宏大的愿景以及组建恰当的团队）上时，我发挥了自己最大的影响力并见证了我的公司和个人生活更上一层楼。"
- 像吃饭一样为自己增添每日的动力。乔希的意思是，你每天都要做一些事情来提醒自己，为什么你在做目前正在做的事情。对于这个习惯，乔希是这样解释的："有时我会制作自己的励志广播，有时我会阅读，有时我会收听托尼·罗宾斯和其他励志思想领袖的演讲。我每天都会给我的大脑注入积极的能量和信息，提醒我自己的目标是什么……生活有时会很艰难，无论你现在取得了多大的成就，我们都没人能够幸免。我们既可以选择聚焦有问题的部分，也可以选择每天通过各种来源获得动力，让我们的思想聚焦在更好的自己之上。如果你要进行思考，不如想一想你为什么想要更多，想一想积极的事情，例如如何达到这样的目标。"

我远远地见证了习惯的改变不仅让乔希重新崛起，还让他开创了真正富足且鼓舞人心的事业和人生。乔希曾经犯过错，他曾觉得自己让别人失望，认为自己不够好。这是不是和你我现在的感觉不太一样？当然不一样，因为我们非常相似。然而有些人选择在绝望中原地踏步，保持原有的习惯，日复一日、年复一年地按照一贯的模式行事。不幸的是，这些人的生活不会在某一天突然变得精彩起来。你必须做出让它变得精彩的决定。乔希是一个非常好的榜样，他知道自己要什么，能从失败中吸取教训，而不是让自己深陷其中。他改变了自己的习惯，取得了伟大的成就。

- 带着激情专注于一件事，而且只专注于这一件。这是我完全认同的妙招之一，我认为当你“听到”乔希对它的解释也会认同：“我在事业上好像有点多动症，因此如果有可能，我会开 100 家公司。于是，我给自己设定了规则，也就是我只能做一件事，这样我就能判断它能否独立运行，能否成功。我不会将精力转移到其他事情上，这是一种强制专注（我自己的说法），因为企业家总会到处跑，他们会有上百个项目要做，但贪多嚼不烂。因此这是一种艰难的约束，但你必须强制自己保持专注。”

你可以运用我在上面分享的乔希的成功妙招，也可以对它们进行调整，培养你自己的习惯。从现在开始，你就可以将这些小而有效的习惯或妙招融入你的生活或事业。就像我之前说的那样，这么做不是要你用更多时间去养成更多习惯，而是要你改掉当前对未来没有帮助的习惯。如果我们每天都能在习惯上有所进步，那么我们的人生将不再一样。

第十一章

应对挑战

我打算加把劲、竭尽全力并向自己证明这是可能的，因为可能性具有传染力。如果你能够证明你可以做到自己曾经认为不可能的事情，那么这将给你的整个人生带去自信。所以，每周我都会试着做一些我突然想到的事情，那些“说起来比做起来容易”或“不可能成真”的事情，我会努力，然后去做。我向自己证明这是有可能的，而这帮助我克服了恐惧。

——特伦特·谢尔顿接受迪安·格拉齐奥西访谈时所言

你已经看到了这个世界上最富有的人和最有成就的人的成功习惯。现在是时候让你自己攀上新的高峰了。你会拥有你梦寐以求的一切：财富、好工作、一单好生意以及了不起的人际关系。这些将不再只是一个“美妙的想法”。它们都可以实现，一切都触手可及。那么是什么妨碍了你呢？

我期盼你像绝大多数人一样读了这本书之后会受到激励，你开始梦想可能成真的事情并发现可能的前进方向，也许你甚至形成了清晰而强大的愿景。你可能已经想到，如果你不让内心的“反派”坏你的事或者让自己的限制性想法转变为没有约束的想法，那么有哪些积极的事情会发生。你可以想象这种改变如何影响你的生活。你养成了成功的习惯和快乐的习惯，也有了成功的小妙招。这一切都很有用，而且我讲述的故事也激励了你——这些故事的主人翁是和你一样的人，而他们已经改变了自己的人生。我的某些故事甚至会让你产生这样的想法：“如果这个家伙能做到，那么我也一定可以。”

那么到底是什么让你或其他任何人苦苦挣扎而无法开始呢？这是因为在生活中有所改变的想法会让人不知所措和害怕。你在潜意识中认为自己已经有了一个安稳的地方，不想离开。但是安稳并不意味着快乐、满足或经济宽裕，而且这些都是潜藏在表面之下的！而在意识层面上，你觉得自己有很多事要做。你要还账单，要工作，还要处理家务。只要你希望这些成功习惯能够成为你生活的一部分，你就应该行动起来。你总得做点什么。

对此我深有体会，我曾经一度被困在思想和行动之间，好在我知道如何摆脱困境。现在我也要将这种方法分享给你，因此这本书不仅可以给你以激励，而且能成为你的行动路线图。

最初的步骤

你有没有试着通过强大的意志力或鼓励性话语来说服自己做出改变？这种方法通常在短时间内能够发挥作用，但仅仅这么做是不够的。你必须一次专注于一小步，同时也要注意什么是可行的并感受你想象中的变化。这就是你的动力之源，是你开始行动的方式。

下文介绍了如何开始一小步可行的“短距离冲刺”。我想你一定可以想象自己坚持做某事 90 天的样子。这是你生活中的一小部分，你可以把它想象成一个测试阶段，在此期间你可以看到让你欲罢不能的结果。因此让我们把这个过程分解为 90 天——我喜欢称之为“短距离冲刺”。想象你的生活在 12 个月甚至 12 年之后的样子很重要，与之同样重要的是，你需要用“短距离冲刺”来强化今天的改变。我希望将你的待办清单缩减到“一口一个”的大小。你可以继续想象 90 天后的你已经实现了人生中的一些惊人改变。你可以按照我在第一章分享的方法去做。假设未来 90 天是你整个人生中最美好的 90 天，那么这些日子是什么样的？你对谁说“是”，又对谁说“不”？你要求加薪了吗？你辞职了吗？你是不是注册了新公司，雇用了第一名员工，你是不是开始为你现在的工作做推广了或者雇用了一名首席财务官？你生命中最美好的 90 天是什么样的？你可以聚焦你的收入或职业，也可以将这 90 天投射到生活中的任何方面。为了帮助你更清晰地了解如何完成这种“短距离冲刺”，你可以站在未来 90 天的角度回顾过去，回答以下问题。

- 在过去的 90 天里具体发生了什么？是什么改变了你的工作、事业、人际关系以及你所在的社群？
- 你养成了什么成功习惯？你改掉了哪些对你没有帮助的习惯？
- 你是如何养成这些成功习惯的？为了把事情做成，你采取了哪些行动？你说的哪些话以及做的哪些事导致了这一变化？
- 在实现了所有这些积极的转变和成就之后，你的感受如何？你的自信和快乐程度如何？当你照镜子时，你看见了谁？
- 和你在一起的时间最多的人是谁，最少的又是谁？
- 你的心态如何？你对什么心怀感激？

假装自己是在未来回首过去，去想象那些日子的情况，然后用笔或电脑写下为了让这种情况成真所要采取的具体行动。

记住，这些步骤仅适用于未来 90 天。它们并不是为了实现你的终极目标而设计的，它们只能让你向着正确的目标前进。因此，请想一想你需要做什么才能得到那份好工作、升职或者开创一项新的事业。什么能让你向着正确的方向前进？回答了这些问题，你就有了一份自己的路线图以及到达你想要的目的地的交通方式。

这里有一个让你的 90 天冲刺成为现实的关键要点：不要再做那些又累又没有价值的事情（对实现你的目标毫无意义）了，确保你每天超过 50% 的活动都集中在实现 90 天目标的行动步骤上。是的，就是这么简单。从跑步机上下来，按照下面的例子开始向上攀登吧。

从机械厂到阁楼公寓

马特·拉森是一名20多岁的机械厂工人，患有抑郁症。马特在自己的同事中发现了70多岁的工人，其收入只比他多10%。马特从这位老工人身上看到了自己的未来。马特虽然聪明又勤奋，但在这家工厂赚不到什么钱。

他买了许多我写的书，深受激励，因而选择投身房地产业。尽管他的这一选择遭到了朋友、家人及恋人的批评，但他还是这么做了。他的女友说他做白日梦，而且最后和他分了手。和许多创业者一样，马特必须听从自己的内心，逆流而上，尽管这么做的时候他有些茫然无措。

后来我见到了马特，给他提供了个人指导并把我和你们分享的90天冲刺法传授给了他。我告诉马特，当时他要的指导太多太急，而这很有可能会将他打回老路，因为他是那么不知所措。因此，我建议他展望未来90天。让我们假设现在已经过去了90天，而过去的那些日子是你人生中最美好的90天。回首过去，你看到了什么？

马特回答说，他每个月可以做5笔房地产交易，每月能赚7万美元。他还补充说他比过去更加自信，而且不再那么没有安全感了。不仅如此，他还看到自己因为可以按时支付账单而不再忧心忡忡，他看到自己帮助父母提前退休——因为他的父母年事渐高，继续工作让他们力不从心。

最后，他说："我希望向我的朋友证明我很聪明并且能做好这件事，我希望照镜子的时候能够看到自己掌握了自己的命运。"我说："好吧，伙计，那么你该做些什么才能让这一切成真呢？"

马特的行动步骤和他想象的不一样。他发现自己在大部分时间里都在瞎忙，因此他列出的第一条行动步骤就是雇用一名优秀的个人助理，将他手头与赚钱无关的事情都委派出去。

他还列出自己必须早起一小时去健身房，这样他才能有健康的感觉和充沛的精力度过接下来的一天。

他打算在压力大的时候不再喝鸡尾酒，同时在生活中避免接触消极的人。在因为雇用私人助理而多出来的额外时间里，他可以制订独特的营销计划，利用直邮广告、脸书及克雷格广告网（Craigslist）来吸引房地产客户。

在他的 90 天冲刺中，马特将他的时间集中用于执行上述行动步骤，并且坚持无视那些浪费时间的且没有价值的事情。90 天结束之后，他实现了自己的每一个目标：他的父母退休了，他完成的交易甚至比他野心勃勃的预期还要多，而且他找到了一位很棒的私人助理，此人最后成了他公司的管理者。

马特已经完成了 3 000 多笔房地产交易，他是我认识的最了不起的房地产投资人之一。而他曾经差一点就半途而废，因为有些人并不看好他的计划，因为他曾经在改变人生的困难面前不知所措。他家没有人赚过大钱，没有人上过大学，也没有人拥有自己的房子。但是马特克服了这些障碍，这在很大程度上是因为 90 天冲刺练习让他经历了一个短暂且可行的阶段，让他走上了自己想要的道路。

你的潜力巨大

也许你在对自己说："迪安并不了解我。我也没有马特那样特别。这种办法可能对其他人有效，但我不确定它对我这样的人是否有用。"好吧，事实是：你还有巨大的潜力。虽然我在写下这些话的时候从未见过你，但我的经验让我知道，每个人都有能力在自己的生活中做出可以帮助其通往巨大成功的小小转变。问题在于你是否认识到了自己的潜力。

我相信你绝对会认识到的，但首先你必须克服大多数人都会有的一个最大的幻觉：别人有天赋，也有优势，这使得他们的成功之路走得比你更顺。是的，有一些个子特别高的人在打篮球方面有优势，也有很多天生聪慧的数学家能够在几分钟内完成我们大多数人可能要用好几个小时才能完成的复杂计算。

我们常常将“天赋”和“幸运”这两个词用在这些人身上，然而当你去考察那些出类拔萃的人，以及充分发挥自身潜力而让人生更上一层楼的人的时候，你会发现最成功的人大多都具有两个非常重要的共同点：相信自己及其愿景，而且很努力；用毅力去获得想要的结果，而不是站着不动，指望自己变成“天才”。

泰格·伍兹已经不再是世界上最有优势的运动员了，但在高尔夫球史上，还没有人能打出他巅峰时期的水平。这是因为泰格很有天赋吗？因为他运气好吗？还是因为他从5岁起就开始每天练习这项运动呢？美国全国橄榄球联盟的许多运动员都会在训练营开始之前的夏季出去度假，而多次获评赛季MVP的佩顿·曼宁却有好几个夏天都待在家里，观看赛事录像，不间断地进行训练。

这种情况同样发生在那些创造了大量财富的人身上。他们之所以成功，是因为他们特别、有天赋或运气好吗？还是因为他们愿意卷起袖子采取正确的行动——一次又一次地做，哪怕遇到障碍也是如此呢？

为什么我要分享这些呢？因为我所写的这些成功习惯只有在你实践后才会发挥作用。充分发挥它们作用的人和那些只是想想它们的好处的人的不同之处在于，前者表现出了毅力。对我来说，毅力就是坚持不懈，是持久地做下去，是愿意为了目标而倍加努力。

你有多渴望人生更上一层楼？当你知道自己本可以取得更大成就却没有付诸行动时，你会不会失落？

好消息是你不必“安分守己”，不必择日再行动，也不用一辈子都问自己“如果我做了什么会怎样”，更不必因为没有实现自己的潜能而感到烦恼或愤怒。

你可以拥有所有你想要和应得的事物，但若想实现这一目标，你就不能向反对你的人屈服。而你的人生目标也不会因为你有这样的愿望而自动实现。正如耐克的那句宣传语所言，现在是时候“大胆去做”了。

应对批评

那些卓有成就的人都克服了困难，哪怕在没人相信他们能做到的情况下亦是如此。他们会尽一切可能逐步养成这些成功习惯，而且，即使事情没有完全按他们的计划发展，他们也不会因此气馁或放弃。你如果去考察那些取得重大突破的企业，就会发现它们中的大多数都曾一度濒临破产，而这些企业的大多数创始人都曾被某些人告知他们的想法不会成功。

你看，批评家往往是一些喜欢品头论足的人，而成功人士却养成了无视他们的习惯。批评家通常是悲观的，可以说已经放弃了自己的梦想；他们的痛苦会让其告诉别人为什么不能做，不能拥有，不能成为什么。你如果想要过上更加富足的生活，那么必须相信你自己，而不是依赖他人的鼓励或支持。这听起来很残酷，但这才是你通往自由的道路。一旦有所突破，你就可以期待另外一些支持你的人出现在你的生命中了。

我并不是说你应该憎恨你认识的那些反对者，但如果你身边的人坚持认为你不可以做成某事，那么你必须和他们唱反调。他们可能是你的朋友、家人、同事或其他什么人，这些人之所以告诉你不该做某事，不是因为他们考虑了你是谁和你能够做成什么，而是出于他们自己的原因。你可能不得不站起来对这些人说："我很感谢你们的建议，但是不要告诉我不能做什么。"保持自信，相信自己只要下定决心就能做到。利用我们在第一章讨论的方式找到你人生中的"为什么"，不管是谁挡了你的路，也不管是谁说你傻，请紧盯你的目标。你会发现，一旦知道了自己的目标，你就会尽一切可能去实现它，而不会去管别人怎么说。

实际上，你可能不得不与身边大多数人背道而驰，而且这可能会让你感到别扭。但你如果继续做身边人做的事，那么只会继续得到他们得到的东西。而如果他们过的不是你想要和应得的生活，你就必须反其道而行之。你必须让自己从身边人中脱颖而出，我不是说你应该以一种精英的心态去做事或是让自负的心态主导你自己，相反，主导你的应该是你真正想要实现的目标。

最佳实践

迈克尔·乔丹是史上最伟大的篮球运动员，他曾说过："你可以每天练习投篮 8 小时，但如果你的技术有问题，你就会非常习惯于用错误的方式投篮。打好基础，这样你做的每件事的水平都会提高。"

我曾经谈过许多有关坚持和毅力的价值的话题，也讨论过如何练习和使用新技能，直到它们成为你的一部分。正如我曾经强调的那样，我所认识的一些超级成功人士抱着坚定的决心做出了非凡的成就。他们一次又一次地践行成功习惯，直到它们融入自己的基因。是的，熟能生巧。但就像乔丹所言，你所实践的必须是正确的东西。

我的儿子布罗迪现在只有 7 岁，他从 3 岁起就开始打棒球了。我不得不说，他通过训练成了一名还不错的小球员。在上一个赛季中，他 29 投 25 中，而且几乎击到了所有的球。

看到布罗迪的进步和得到的赞扬后，我的女儿布里安娜决定打垒球。一年半前她加入了一支球队，当时她对这项运动一无所知。她积极参与训练，在第一年中表现得非常坚定。第二年，训练项目变成了儿童投球（而不是教练投球）。如果你从来没有看过女子垒球比赛，你就不会知道投球动作有多复杂，它包括上力、下推及臀部发力投球等步骤。这些动作我至今都做不好，而且试着向布里安娜学习，然而，当第二赛季结束三场比赛之后，我的女儿发现“我们球队实际上没有真正优秀的投球手”，而比赛也因此变得非常无聊。在她们这个年纪的比赛中，如果一个女球手没能投出一个好球，且两队打成平局，那么他们就会继续比赛，直到决出胜负。这种感觉就像是看着油漆变干或野草疯长一样无聊。

不知道是为了让比赛不再无聊，还是为了吸引更多关注，布里安娜对我说：“爸爸，我想投球。”记住，她此前从来没投过球。我说：“想要这么做，唯一的办法就是向我证明你真的想这么做，而且要练习——你要表现出你的毅力。”

于是我们看了大量优兔网视频，从中学会了正确的方法，我在屋后设置了一个投手板，这样我的女儿每天都可以和我练习投球了！

最终，我终于可以告诉其他教练：“我认为布里安娜已经可以准备打上几局了。”而那时我们的队伍正好在比赛中遇到了投球不利的情况。于是，教练组同意我的女儿加入球队，她让第一个击球手三振出局。她在那场比赛中的表现出奇地好，最终我们的队伍赢得了比赛。在接下来的几场比赛中，她的表现同样出色。

但是我发现，布里安娜有一些奇怪的习惯，而我并没有在优兔训练视频里看到过这些，因此我雇了一位教练来对她进行纠正。教练的到来打乱了她习惯的投球方式，她拿球和迈步的方式也得到了改进。

现在你可能会想：“你为什么要在你女儿做得不错的时候打乱她的投球方式？”这个问题问得好！这是因为我雇的教练对我解释说，我女儿此前的方法的确可以让她投出几个好球，但如果她想要参加高水平比赛（她确实想），那么原来的方法永远不会让她从一名 9 岁的投手成长为伟大的投手。

这位教练解释说，如果她 12 岁时还是用这种方法投球，那么球队会输得很惨。因此，尽管我的女儿对这种改变感到十分困惑，但我还是说服并鼓励她这么做。她如果还愿意继续训练，那么最好采用正确的方式。你知道下一场有我女儿投球的比赛发生了什么吗？那是她表现最糟糕的一次比赛。

她虽然用了正确的方式投球，但投不出好球。比赛结束后，她哭了，而且对我纠正了她的投球方式感到十分气愤。

我当时对她的解释也是我现在想要向你解释的：你可以按错误的方式投球，而且也可能不会有大碍，但你只有用正确的方式投球，才能发挥你的全部潜力。是的，让一个 9 岁的孩子理解这个真理的确有点难（我希望这对你来说更容易）。如果我还是让她把时间、精力和能量都用在错误的练习方式上，那么她就要花更多时间来改掉她养成的这些坏习惯。最终，布里安娜明白了为什么要以正确的方式练习投球，现在她每天都在进行正确的练习，她进入了投手的最佳状态，已经可以在她想要的任何等级上进行比赛了。

同时我们也要记住，那些曾经在人生某个阶段帮助你做成了某些事情的习惯今天可能不会对你有所帮助。带你走出埃及的习惯不一定能带你到达应许之地。

我希望我的教导能够像我纠正女儿的投球方式一样纠正你当前的做事方式。当你开始养成新的成功习惯时，你就会看到新老习惯之间的差异。首先，这些新习惯可能会让你感到不适，就像一次笨拙的高尔夫挥杆一样。但你现在经历的这一点点不适将会让你的余生充满富足、快乐和财富。一旦走上正轨，你就会带动其他人。

马尔科姆·格拉德威尔[①]有这样一句名言："不练上 10 000 小时，你不会在任何事情上有所成就。"这才是真正的老手！但若回过头来问问自己：你在这 10 年里掌握了哪些错误的方法？你掌握了让自己感到安全或后悔的方式，还是不利用眼前机遇的方式？或者，你掌握了谨慎行事的方式，掌握了不尝试新事物的方式，抑或掌握了告诉别人该做什么但不听取他们意见的方式？

不论你已经掌握了多少限制性的习惯，这都没问题。我们已经这么做了，但幸运的是你不用花上 10 年时间去改正或摒弃它们。但要想改变它们确实需要行动和毅力。我喜欢托尼·罗宾斯的名言："人们会高估自己能在 1 年内完成的事情，同时会低估自己在 5 年内能做的事情。"我并不是说我们需要 5 年时间才能改变，但想象一下当你以卓越人士为榜样时可能出现的改变吧。简单说来，你需要在明天醒来的

---

① 马尔科姆·格拉德威尔于 1963 年出生于英国，记者、作家和演讲家。2005 年被《时代》周刊评为全球最有影响力的 100 位人物之一，著有《引爆点》（*The Tipping Point*）等多部畅销书。——译者注

时候开始培养成功习惯。在你从床上爬起来开始新的一天的那一刻，你就可以开始培养新的习惯，这样你的生活轨迹就会有所改变，哪怕每天只改变一英寸。

但是你若将这一点点的距离累积起来，你就会走得越来越远，远离那些无益于你的事情，同时越来越接近你的目标。再次强调，这不是什么神奇的赚钱机器，它不会让你按下按钮就掉出钱来。但你如果运用了这些成功习惯，坚持这样的转变并且带着毅力去练习，就将得到这个世界上最接近赚钱机器的东西。

记住，当你第一次改变习惯并对这种全新的行为方式感到别扭时，请坚持这样想：我这么做不是为了给同伴留下好印象，而是因为这就是我的道路，我的命运。放心，每当你实践某个得到验证的成功习惯时，它都会让你感到不舒服，但最终你会越来越适应这种习惯，而且它很快就会成为你下意识的习惯。

美好生活挑战

我知道你想要取得更多成就，而且你愿意花时间去实现它。证据就是你眼前的这本书，如果你能坚持读完它，那么这已经很能说明你和你的未来会是什么样了。你不是一个会轻易放弃的人。

我知道我已经给了你许多需要思考和实践的事情，但有时你只需要做到书中的“一件事”，就会让一切变得不同起来。在我的人生经历中，很多时候我需要的只是采取纠正措施。今天向着某个方向的小小转变会给明天、1 年后或者 10 年之后带来大不同。

因此，我希望现在就激励你去做一些事情来开始这样的转变，而不是让你赖在老习惯上一切照旧。我花了许多个日日夜夜去研究和思考让你开始新阶段并坚持下去的方法，其中一个就是 90 天冲刺。它将庞大而繁重的转变任务分解成了可行的目标。但我还想要一些更容易实现的东西，让你在 90 天冲刺之外每天只花几分钟就能完成。它们能够确定你必须做出的改变，而你可能根本不会注意到这种改变的发生。最终我想到的是一个你不能错过的过程，也是本书的一个附加功能，它可以让你将学到的东西坚持下去并付诸行动。是的，我其实是在道德上贿赂你去使用它。不过这种用贿赂来促使你付诸行动的方式应该不会贬损我的形象。

为了帮助你迅速迈入新生活，我在 www.thebetterlife.com 上发起了“美好生活挑战”（Better Life Challenge）。我设计了一个可以让你在 30 天内每天进行的快速行动方案。每天只需要花几分钟，你就能轻松地重塑你的习惯。你的精神能量和自信每天都会飙升。你会感到自己充满力量，觉得自己有能力去实现 90 天冲刺目标，向着你一度认为不可企及的目标前进。这个挑战是专门为了让你放松地进入状态而设计的，它不会让你感到自己要做出重大改变或牺牲。

以下是你将在 30 天内完成的部分快速挑战。

- 第 5 天：随机善举。在当天的挑战中，为一位陌生人做一件好事。你可以随机为某个人买份午餐，清理车库，购买生活用品，帮助无家可归者或花 5 分钟时间聆听那些看上去需要倾听的人。
- 第 15 天：不做清单。做我们不该做的事情会占掉那些我们本该用来让自己更上一层楼的时间。你现在做的哪些事情是不该做的？今天，我们要列出你“不做”的五件事情。请观看 www.thebetterlife.com 上的视频，了解正确的步骤吧！
- 第 17 天：做真正的你。你如果觉得自己不会被别人评判，也没有金钱或时间上的担忧，那么会做什么来获得收入呢？你梦想的工作和事业是什么？你希望每天早晨醒来时做什么？

- 第 20 天：勇气日。今天是采取行动去做你多年来一直想做的事情的时候了。不要犹豫。观看 www.thebetterlife.com 上的视频了解更多细节。

这项练习最好的地方在于，你不仅有能力在 30 天内改变你的生活，而且可以向朋友和家人发起挑战，让他们和你一起练习，同时你还可以在社交媒体上分享你的成果。所有这些挑战都将给你加分，让你赢得意想不到的好礼物。这些做法从本质上说就是从道德上贿赂你采取行动。你如果已经做好了停止想象并开始创造美好生活的准备，那么请前往 www.thebetterlife.com 网站，今天就加入这项挑战。

现在该你了

我知道，生活在现在这样一个时代是很疯狂的，但实际上现在就是让这些成功习惯对你发挥作用的最佳历史时机。请记住，不确定性、战争、经济大萧条、压迫、流行病及“疯狂的时代”已经存在了数千年。但我们必须记住，拥有正确成功习惯的人在每个时代都取得了成功。现在就是最好的时机，因为你还活着并正在阅读这本书。你不可以推迟实践这些习惯的时机了，晚一天、一小时甚至一秒钟都不行。如果你认为现在不是好时机，那么你真正的意思是你永远都不会有好时机。一个月的时间可以过得很快，1 年或 10 年也可以转瞬即逝。不要在未来某个时刻发现自己试图寻找另外一本能够拯救你或让你更上一层楼的书；不要等上 10 年再去参加现场励志活动，然后再从那里重新开始；不要让别人将你的创意用于他们的事业；不要让别人得到你想要的工作。现在就开始——这就是你的时机。

我的祖母给了我最好的建议，她老人家曾经拯救过我。她说："不要因为你无法改变的事情而有压力。"当我考试不及格时，她会说："你可以重考吗？"我说："不。"然后她说："那就忘了它吧。下一门考好一点，这样你的平均分就不会有问题。"

不要为那些你无法改变的过去而纠结。你的过去不过是为了未来的美好生活而做的尝试和摸索，是实现这一目标的动力。就让过去的都过去吧，只留意那些对你的未来有帮助的事情。关键是要将目光聚焦于那些你可以改变的事物，以及现在如何为自己创造更美好的生活。你已经有了实施战略和养成习惯的路线图，它可以带你到达你想实现的目标。

你能在一夜之间实现这一切吗？当然不可能，但你若每次都能做出一点转变，那么很快就会惊讶于你在生活中的变化。趁着你有动力接受美好生活挑战，现在就开始吧。今天就将你的人生方向盘转动一英尺，明天再转一点，渐渐地你就会看到自己的生活变成了你一直向往的样子！

你可以从今天开始，迈上这段通往充满富足、繁荣和快乐的人生更高阶段的旅程。这不是什么快速解决方案，但这些策略不仅让我，也让世界上最成功的那些人迈上了一个新的台阶。而现在，它们就在你的掌握之中。

你已经拥有了成功习惯。接下来，请深入挖掘并付诸行动。同时，你要展现你的毅力而非天赋，向世界证明你是怎样的人。

第十二章

要么“是”，要么“不”

本书中的成功习惯虽然很有价值，但如果你不能真正应用它们，它们就没法增加你的收入，没法让你成为百万富翁，也没法改变你的生活品质。你不能只是想一想，或者打算在未来什么时候再去实践它们。你必须让它们为你所用，有规律地并带着反思的心态去利用它们。只有通过不懈练习，这些百万富翁的成功习惯才会成为你的日常习惯，同时向你展现你的真正潜力。

请听好了，我知道这么做可能很难。当你的脑子里有各种想法的时候，说出“我会在时间允许时实践这些习惯”这样的话是很容易的。也许你周末很忙，或者你的孩子让你忙得像疯子一样团团转。也许你的工作让你有了压力，此外，家人和朋友也需要占用你的时间。除了这些例子，加之你在生活中的一些具体和个人的事情，你可能很想知道到底怎样才能找到时间来认真对待自己的梦想。我的意思是，一天只有这么多小时，对吧？而你又迫切希望自己能够实现你一直期望的所有事情，但你几乎没有时间去实现这一切。

不过这正是有意思的地方……我希望你花点时间好好想一想。

包括奥普拉·温弗里、理查德·布兰森、比尔·盖茨在内的世界上所有成功人士毫无疑问和你都有一个共同点：他们和你一样每天有 24 小时，每周 7 天，每年 365 天。唯一的不同在于，他们已经掌握了让自己实现惊人成就的方法。你想知道那个秘方是什么吗？

那就是效率。学会提高效率并高效做好事情的艺术，是目前为止你应该掌握的最重要的成功习惯。

我差不多知道你正在想些什么：“我现在没时间这么做。”相信我，我太明白这一点了。我也很忙。作为参考，请让我分享我的一些日常安排，这样你就能够明白我是多么喜欢试着把所有事情都安排好。

你永远都有时间让自己成功

在 15 天时间里，除了写完本书，我还做了以下事情。

- 每个星期都在两个城市举办本书的现场推介活动。我必须协调新的合作关系，设计培训项目，同时还要制定项目实施流程。
- 我为一款新产品设计了一个时长为 90 分钟的全新在线培训项目。
- 我为我的“天才 X”（GeniusX）智囊团制定了议程，同时制作了全新的营销展示内容。
- 我和我的好友乔·波利什——天才 X 的发起人——与智囊团开了两天会。天才 X 的会员费高达每年 10 万美元，因此我们必须提供精准的服务，为会员提供重大价值。我们做到了。
- 我参加了 3 次团队会议，创建了一个提高生产力的新体系。
- 在家庭活动方面，我执教了 5 场橄榄球训练课、3 场垒球训练课并参加了 3 场橄榄球比赛。
- 此外，我也会在晚上专门花时间和每个孩子相处。除了和家人在一起的时光，我还会单独带他们出去，加强我们之间的联系。
- 我乘飞机前往犹他州参加了为期一天的咨询活动，并且达成了也许是我做过的最大一笔交易。

- 在犹他州，我在一个以我的朋友托尼·罗宾斯为主角的活动上进行了演讲。为此我做了很充分的准备。
- 我飞往加州长滩，在《成功杂志》（*Success Magazine*）的年度活动上做了演讲。
- 我担任了电子零售协会（Electronic Retail Association）活动的主讲人。
- 我参加了 13 次体育锻炼，爬了 7 次驼背山（Camelback Mountain），而且创下了我的最佳纪录。
- 我完成了至少两个小时的现场视频培训，并为几家不同的公司拍摄了 30 多段视频。
- 我和好友特伦特·谢尔顿就他的第一本书的设计和推广进行了头脑风暴。
- 我和拉里·金合作的电视直销节目在 5 个州播出，我制订了相关计划，然后创建了在家靠房地产赚钱项目的下一期课程。
- 我在脸书和照片墙（Instagram）平台做了大约 15 次直播。

这些都是我在短短 15 天时间里完成的！我分享这些并不是为了炫耀，也不是为了说明我有多么能干。那不是我的本意。我之所以分享这个清单，是因为我想让你看到，一旦提高了效率，你就能够完成很多事情。是的，你很忙，我知道你难以想象自己还能做得更多。实际上，你如果可以训练自己养成高效的习惯，就能取得更大成就。如果你真的想在人生中收获更多，那么这就是你能做的最佳训练。这就好比锻炼肌肉。我若只去一两次健身房，不可能拥有好身材，因此我每天都去。你如果希望拥有与百万富翁、亿万富翁及那些才智过人的伟人一样高的生产效率，那么必须每天练习如何变得更高效。

这里还有一个小秘诀。这么做并不像你想象的那么难，这只是因为你从来没有接触过真正高效的流程。至少到目前为止是这样。我希望做许许多多的事情，喜欢学习，喜欢像一个正常人那样成长。我希望指导别人，而且我真的热爱我的事业。最重要的是，我喜欢尽可能和我的孩子们待在一起。如果没有效率，我就无法做到这一切，这就是我强大的动力。因此，在变得更为高效之前，你必须问自己的问题不是“我必须得到什么”，而是“我必须放弃什么”。

为什么不从现在开始下定决心掌握提高效率的方法，让自己在生活中得到最大的收获呢？你可以做到吗？我想既然你已经读我这本书到这儿了，你的答案就应该是：“哦，是啊。”这本书并不是给你消遣用的，它的目的是让你的人生更上一层楼。你如果不能这样使用这本书，那么最好不要再读下去。你不付诸行动，这本书就只会成为书架上的又一堆废纸。因此我希望你向全世界宣布：为了自己的收入成倍增加，为了显著改善自己的健康状况，为了加强自己的人际关系，为了能够按自己的意愿生活，我将全力以赴！

非黑即白

那么真正实现超高效率的秘诀是什么？四个字：二元思维。

二元思维好比二进制码（由0和1组成），两者的内在逻辑如出一辙。在二元思维下，所有事物非黑即白，要么可以做，要么不能做；你如果不向上攀登，就会向下滑落。二元思维的价值在于，它可以让你摆脱生活中似是而非的灰色地带。“下周再说”就是这样一种似是而非的表达。我们必须正视的问题在于，“等到下周再做”会让你距离目标更近还是更远？不要再有这样折中的想法，不要再说这样的话了，也不要给自己留下犹豫的空间。你如果要等到下周再开始你的事业、面对你的恐惧或者养成新的习惯，就是在远离自己的目标。多等待一分钟，你的美好未来就会变得越发遥不可及。

例如，我遇到的大多数人都告诉我，他们有兴趣发展副业收入，比如投身住宅业务、房地产投资或在线业务等。当你将二元思维用于这个目标时，你参与的活动要么产生了让你获得这些副业收入的可衡量的成果，要么没有。你不妨这样问自己：“这种行动可以让我更接近副业收入，还是让我离它更远了呢？”这个问题的答案通常很明确，因为这里没有灰色或中间地带。

我将帮助你更轻松地践行这种方法，因为这对你的成功来说至关重要。让我们从细小之处开始实践二元思维吧。选择一两个在你看来与你的成功和收入增长相关的日常活动。

如果你愿意，你也可以把它们写下来。接着一个一个地思考它们，问问你自己：这些活动是让我精疲力竭还是让我兴奋不已？记住，我们练习的是二元思维，因此这里没有似是而非的答案。你的答案不可以是“它有点耗费精力，但是我觉得我还是会这么做”。你必须选择明确的答案。它耗费你的精力了吗？还是说它能让你感到兴奋？如果你的答案是它耗费了你的精力，那么继续这么做将减弱你的精力、热情和兴奋感，而且不会让你向着你的目标前进。当你意识到是什么耗费了你的精力时，你便可以快速而果断地做出改变习惯或彻底停止这么做的决定。我希望这可以让你看到，当二元思维成为常态时，事情会变得多么清晰而明确。

高效习惯 1：不进则退

为了培养二元思维习惯，你有必要坦然地问自己一些棘手的问题。同时，你还要接受更加困难的挑战——对自己的答案百分之百坦诚。以下这三个问题可以用来培养你的二元思维。

- 这个人或这段人际关系是推动我前进了还是拖我后腿了？
- 我只是单纯在忙还是这项活动让我变得非常高效？
- 这项活动可以让我赚钱还是说它实际上会阻止我更上一层楼？

为什么说这些是“棘手”的问题呢？让我们看看第一个问题。想象这个问题针对的是和你关系最为亲密的人。诚实回答这个问题既令人害怕也十分困难。假设你的一个亲密的朋友认为自己是个现实主义者，同时认为你是一个绝望的空想家。他或许会建议你不要阅读那些励志书，或许会批评你想把自己的事业做大的愿望。也许每一次和他见面之后你都会垂头丧气地离开，同时质疑自己的价值和能力。

因此这就带来了前面的那个难题：“这个人或这段人际关系是推动我前进了还是拖我后腿了？”答案非常明显，这个人拖你后腿了，而且不会让你向着目标前进。到了最后，我们会成为那些自己甘愿受其影响的人的总和，也就是说成了他们的“影子”。你可能会说：“他是我长久以来的朋友，他就是这个样子。”我理解你的心情！但是你之所以在阅读这本书，是因为你希望养成世界上最成功的一些人坚持的成功习惯和高效习惯。你需要更快地向着更高的目标攀爬，而让那个朋友给你带去消极影响只会与这一目标背道而驰。这就是这些问题很难回答的原因，因为你如果想要有所突破，就必须保持坦诚。

在你开始对结束一段人际关系感到紧张之前，这里有几个好消息。我不是要建议你与配偶离婚，抑或不再同兄弟姐妹、父母和朋友说话。我的意思是你不要将你的精力都耗在他们那儿，也不能让他们用误导性的冷嘲热讽消耗你的精力。你不能让他们的话语和恐惧改变你的方向。记住，乔·波利什说过，这世上有两种人：“耗电器”和“充电器”。请小心那些“耗电器”，因为他们会使你渐渐失去生命力。你若发现你的一段人际关系无法帮助你实现梦想和愿望，那么可以用二元思维再考虑考虑。你可以问问自己：“我是该结束这段关系还是应该设置界限和障碍，不让他们给我带来消极影响呢？”你可以从回答这个问题开始。

现在你可以想一想第二个问题：我只是单纯在忙还是这项活动让我变得非常高效？这也是一个很难回答的问题，因为没有人想承认自己碌碌无为。这会让你觉得你所做的一切都是徒劳。但是，我们还是必须对自己保持诚实，不留任何灰色地带。因此让我们假设你是个“奔命族”，总是忙忙碌碌。如果你始终都在全速运动，那么你很容易产生自己正在向着目标前进的感觉。但真的是这样吗？你是一辆全速前进却没有 GPS 导航的跑车吗？你开得或许比别人都要快，却可能无法接近你真正的目标和愿望。你是转轮上疯狂奔跑却始终困于笼中的仓鼠吗？

当你了解了效率的艺术，你就不会再耗费精力去做那些无益于你美好未来的事情。你会发现为什么成功人士完成的事情是那些看起来“很忙”的人的五倍。

无论以上内容是否确切地描述了你的情况，或者它们只反映了一小部分事实，我都希望你能了解，我要做的不只是指出这些问题。很快你就会学到如何变得比以往更有效率。然而，首先我还是想让你看一看与你的忙碌生活有关的第三个问题：这项活动可以让我赚钱还是说它实际上会阻止我更上一层楼？

想想你每天都做了些什么。也许你喜欢下午在星巴克喝咖啡。很好，但你在喝咖啡的同时还做了什么？你只是在和朋友闲聊八卦消息吗？还是在做白日梦，或是看着周围的人发呆？抑或这是一个让你发挥创意的机会，你可以打造你的营销计划，也许你还可以更深入地研究你想了很多年的发明？

你可能做了不少事情，这让你感觉自己很活跃、很投入——而这绝对会给你带来一种高效的幻觉。但若你做的事情不能赚钱或者说不能奠定实现这个目标的基础——如果赚钱是你的目标之一，那么坦率地说，你只是在欺骗自己。你必须回答那个棘手的问题。这件事能不能让我赚更多钱？你必须增加赚钱的活动，同时减少那些让你瞎忙活但一分钱都赚不到的事情。

我发现，人们在开创自己的事业时往往会很兴奋，然而过了几个月或几年之后，他们实际上没有获得任何利润。原因何在？其中的一个主要问题在于，他们没有问自己这个棘手的问题。他们的重点在于"忙忙碌碌"，而不是成果。为了"让自己的品牌看起来不错"，他们在社交媒体上花费了大量时间。他们发布有趣的"段子"，制作超酷的视频，收获了更多的粉丝，但从来没有真正做过任何能够制造收益的事情。他们如果向自己提出那个二元难题，就会发现自己需要将更多时间用在赚钱这件事情上，比如营销或促销等。

这就是我希望你们去做的。认真地向自己提出这些二元难题，诚实地回答它们，要变得高效，而不是碌碌无为。这就是获得你想要的生活、收入、幸福和快乐的基础。

请记住你最重要的"为什么"，也就是我希望你在 7 层深度思考练习中挖掘的原因。时刻将"你的目标"铭记于心，这样你就可以将这些情感和愿望结合在一起。无论你是想要更多钱和更多自由，还是想要对自己的时间有更多控制，抑或想要帮助生命中的其他人，你都要将这样的画面牢牢地锁定在你的头脑中。接着，你可以问问自己那些棘手的二元问题并回答“是”或“不是”，而你会看到自己的效率开始显著提升。我常会用这样一句话来激励自己坚持下去——之前我也曾说过，那就是“不进则退”。

让我们更深入一点来讨论“不进则退”，除了将这种二元思维原则应用到你的行动上，我们还可以将其用在你的思维上。假设你这样问自己：“我是自由的还是被奴役的？”这个问题看起来是不是很极端？可能吧，但它让你有能力提出一个可以坚持下去的有力观点。针对你的每一个想法，你都可以问问自己它是解放了你还是约束了你。是的，这么做需要自律。我已经在本书中讲过，你必须培养自律的品质来掌控自己的生活。如果你不再听从自己的胡言乱语，那么要做到这点并不难。

例如，假设我决定不再对我想要买的房子报价，因为我认为现在没有什么交易是划算的，而这是媒体、朋友和其他投资者告诉我的。在这种情况下，我不会仅仅因为他人那些改变了我的想法而不去采取行动。这些想法限制了我，因为我没有了控制权——更不用说这会让我赚不到我想赚的钱。事实是，在我撰写本书之时，房产买卖交易量达到了历史最高点。但我们往往很容易被道听途说的谎言所欺骗——如果我们受骗了，那么我们的思维就会变得支离破碎，而自律也就无从谈起。

相信我，我知道改变习惯和思维模式有多难。但每当我脑子里的声音对我说“以后再做”的时候，我都会奋力反抗，完全无视这种想法并立即行动起来——无论这么做会让我多么痛苦和不舒服。每当我这么做的时候，我都会发现自己达到了人生的一个全新阶段。

所以，为什么不从放下这本书的那一刻——无论那时你有多么不便——开始养成这些习惯呢？你知道自己的人生在哪些方面最需要帮助，就从这里开始，无视那些让你等到“以后再做”的想法，做个决定，今天就行动起来。因为这些想法归根结底不过是个念头罢了，不适感会消失，而这些习惯却将延续下来。这些习惯会将你从现在的状态带往你的目标，其速度之快超乎你的想象。

为了让这种思考方式更具紧迫感，让我问问你，过去的5年时间过得有多么快。如果你和我一样，你可能会想：“糟糕，时间过得太快了。”是的，事实就是这样。因此没有什么是比现在更好的行动时机了。不要对自己说：“我明天、下周或下个月再来培养迪安说的习惯。”你不可以这样。正如人们所说，没有什么是比现在更好的行动时机了。不论你有多忙，压力有多大，你都可以从现在开始。实际上，你的生活越复杂，你就越需要改变，而且要快。直面挑战吧，不要让它成为“本可以”改变你的人生的习惯。

高效习惯2：自律和专注

我们在自律时不会受到任何人的控制。这就是培养自律很重要的原因。让我们假设你开办了一家咨询公司来帮助企业通过社交媒体开展营销。正如我们此前说过的那样，开始时你唯一需要专注的事情就是对你的新服务进行营销和销售。因此，你最好围绕这两件事来安排你的一天，不惜一切代价坚持这么做，并为你需要完成的事情制定严格的期限。

你不应该在消极的对话和干扰中迷失。假设你向7位朋友咨询他们认为什么样的企业能够从你的社交媒体营销服务中获益最多。实际上你可能会得到7种不同的答案，而这完全不符合你的自律原则！相反，你正在分散你的注意力和行动，而这会导致拖延并最终让你停滞不前。

你是否曾经有过这样的亲密关系：你觉得自己应该终止这段关系，因为它再也没法让你的心灵得到满足？但是在你不再与此人继续交往之前，你就此事征求了10个人的意见，其中一半的人表示可以中断关系，另一半人则认为无论如何你都必须坚守承诺并维系这段关系。最后你什么都没做，你依然保持着这段再也无法满足你的心灵需求的关系。你缺少让自己行动起来的自律，因为其他人给你带来了困惑和干扰！

让我们更深入地考察自律这一概念——当我们将它分解之后，它便没有那么可怕了。想象去健身房的场景，假设你坐在长椅上，你的身边都是健身器械，你对自己说：“我想要好身材。”然而，你并没有跳起来做些什么，你只是盯着别人看，你不知道最适合自己的健身计划是什么。接着，你打算看几封电子邮件，又翻看了自己的音乐列表，想找点可以听的东西。然后，你可能会拿起一瓶运动饮料，开始阅读它的配料表。这时，你突然抬起头，因为到了该离开的时间。你一边往外走一边想：“下次我一定要锻炼！”相比之下，健身房里的另外一个人则戴上耳机，然后跟着音乐的节奏很好地完成了日常锻炼。

如果你向后一步，认真看看那个人，你会发现这个人非常自律。更重要的是，当你意识到自律对于持续的成功是多么不可或缺的时候，你会产生遵循更多这样的原则的紧迫感。

老实说，对大多数人而言，“自律”是个可怕的字眼。是的，这个词在过去常常让我感到害怕。但我对它的认识有误。我们也许会认为它会让生活失去乐趣，但是实际情况恰恰相反。自律只不过让我们在行动中养成了一种帮助我们实现目标的习惯。

戴维·凯克奇在他的《凯克奇信条》(*Kekich Credos*)里写道:"自律的生活会让人活得轻松,而放松的生活则会让生活变得艰难。"好好想一想。早起、练习感恩、喝健康的饮料或每天去健身房都是不太容易做到的事情,但它们的结果——给你带来健康、能量、耐力及让你少看病——会让生活变得更加轻松;而睡懒觉、狼吞虎咽地吃甜甜圈、看负面新闻而不是培养感激之情、喝咖啡提神或上班前不锻炼则容易得多。但在今后的生活中,当你的健康出现问题或是你开始憎恶自己的肥胖身躯时,你会发现培养和保持自律可能是你人生中决定成败的最重要的决定。

此外,在大多数情况下,如果你感到不堪重负,那么这是因为你并没有问自己棘手的问题,而这会让你缺乏自律。你可能同时在做许多事情,但没有一件是真正重要的,它们不会推动你成为更强大、更优秀或更富有的你。这可能会让你感到沮丧,而且你会因此拖延并停滞不前。当你将这些事情从你的日常生活和人生中剔除时,你的空间就会变得开阔起来,而那种不堪重负的感觉也会随之消退。

当你将要做的事情简化到最基础的组成要素时,你也更容易做到自律。有人写了一本长达300页的书,讲述了如何通过批发策略在房地产业赚钱,但我们需要关注的完全可以浓缩为三个要点:利用独特的营销方式寻找潜在交易;在找到比他人更便宜的交易之前多次出价;和持有现金的买家达成交易,获得利润。人们会感到迷惑,占用自己大量空闲时间并纠结于房地产业中许许多多若不达成交易就毫无价值的事情。如果你不能聚焦于最重要的事情,那么做什么都不会奏效。

我的目标是引导你继续前进,为养成成功习惯进而促进自身发展做好时间安排。无论你是需要时间来养成我在本书中分享的这些成功习惯，还是需要时间来宣传你的新公司或者为交易出价，你都必须明确自己的目标，聚焦最重要的事情，然后严格做到自律，安排好时间来完成任务。

就从现在开始。拿出你的手机或任何你用来安排日程的工具。现在让我们为你的发展安排好每周的时间。例如，星期二的下午 2~4 点，你要为一家新公司打造脸书网站上的营销方案。做好安排，设定闹钟，在这两个小时内，你只可以完全聚焦于这项工作及其解决方案。如果你非常明确自己的目标，能够聚焦于那些推动事情发展的重要事项，而且能够保持自律，在该做的时候去做，那么你在两个小时内完成的工作将比大多数人在 10 个小时内完成的还要多。

在此我还有一些帮助你自律的建议。

- 密切关注与你有来往的人。托尼·罗宾斯曾经说过，你最常接触的 5 个人的平均值就是你。如果这 5 个人能够激励你、挑战你或启发你，那么他们就可以让你认真负责地把事情做好。当然，有毛病的人会给你带来完全相反的结果。
- 安排好你一天的事情。不要指望你可以平白无故地过上美好的一天。制定计划表，严以律己，在规定的时间做该做的事情。世界上最伟大的人和最成功的人几乎总是会在前一天为第二天做好计划。
- 集中思想。你的想法决定了你会成为什么样的人。你如果告诉自己“我永远不会这么做”，就确实不会去做；你如果告诉自己“这么做有点难，但我还是会尽力实现它”，就完全能做到。你可以在网络上搜索那些做到了你想做的事情的人，读一读他们的成功故事。充分利用你从这些故事中学到的东西，重新将你的思想集中在解决方案和成功之上。

- 采取行动，获得结果。我知道我之前说过这一点，但我曾经看到太多人表示他们打算做各种了不起的事情，但最后却不了了之。因此请把事情做成。言必信，行必果（请继续阅读——本章后面还有更多有关行动的内容）。

将这些方法结合在一起，你就得到了一种自律且有意识的行动方式，它可以让你获得你最想要的东西。你的身边都是对你有益的人。为了把事情做成，你会安排好自己的日程。你十分专注，你的想法聚焦在正确的事物上。哪怕有不好的想法出现，你也会发现它们，然后对自己说："不，我不会再这样想了。这对我毫无帮助。"将你的思维转换到积极的想法上去，并且始终专注于成功。这将引领你行动起来，让你得到你想要的结果。

高效习惯 3：用好自己的时间

你需要多少时间来践行这些高效习惯呢？你可能认为自己要投入大量时间，也许你觉得只要自己采纳了我的习惯，每周投入几个小时就能看到奇迹发生。

事实上，你投入的时间和精力可多可少，结果和花费了多少时间并无太大关系，而与你在分配的时间里精力的投入程度有关。让我们用好自己的时间吧。对大多数人来说，他们通常最多只能连续工作两小时，之后他们就会注意力分散并且开始走神。当然这里也有例外，那就是在你的激励水平较高的时候——你会看着时钟对自己说："我不敢相信现在已经 11 点了，这个早晨怎么过得这么快？"

你相当专注，因此会觉得时间过得飞快。我们中的许多人每天都没有全情投入，但他们却没有意识到这一点。例如，当你不止一次看着时钟对自己说“我不敢相信现在才 11 点，这一天怎么还没结束？”的时候，你就会知道你实际上只是在敷衍性地工作，并没有全身心地投入工作。

因此，请尽力养成全力以赴两小时的习惯，不能一整天都懒懒散散。在这两个小时里投入你的全部精力和热情。你如果发现自己在高强度的工作后精疲力竭，那么可以适当休息一下，散散步、做做拉伸、喝杯茶都可以。要知道，每天真正高效的工作时间超过 5 个小时是不可持续的。

我这样说是什么意思呢？你也许在想：“迪安，我每天的工作时间都不止 5 个小时。”但我说的是高效工作，而不是瞎忙，也不是私人事务，而是埋头完成待办清单上的工作。现在，你的目标应该是在两小时的冲刺时间里保持高效。接着，你可以培养你的耐力，达到每天高效工作 5 小时的理想状态。你如果可以做到这一点，就没有人可以干扰你，而你则会将自己的效率提高到一个全新的水平。

这里有一个秘密武器，你可以用它在人生中创造更多动力。你只要知道你的日子可能会有如下三种基本类型。

- 第一种是你所害怕的日子。这时你会没有安全感，害怕做任何事情，你会说：“天哪，我希望事情不要出错。如果我的创意没有用途怎么办？如果所有人都不喜欢它怎么办？”这种“如果……怎么办”的思维会让你的大脑进入恐慌模式，让你惴惴不安。在这样的日子里，你不会做出任何具有突破性或创造性的事情。
- 第二种则是平淡的、按部就班的日子，它既不好也不坏。如果有人问你某一天过得怎样，你可能会回答："还不错。"然而，谁想要"还不错"的生活呢？谁想要维持现状？谁又想过每天循规蹈矩而没有任何值得纪念的事情发生的日子？

- 第三种日子则是神奇的。你的情绪高涨，你勇气十足且自信满满。你掌握了控制权，因而不会被事情所控制。你的热情具有感染力。如果有人给你带来坏消息，你会说："好的，我知道了。"这是因为你具有以解决方案为导向的心态。你不会否认问题的存在，也不会拖延，相反，你会直接处理它，然后再去做手头的事情。

有意识地制定决策，多多经历第三种日子。不要认为你没有能力过上这样的日子。人们并非生来就有精力和热情——我知道我就不是这样。而你能够利用我在本书中分享的工具和习惯来创造这样的日子。因此，让"我能做，我能控制一切"的心态成为你的思维定式。认识到你为什么希望实现了不起的成就，用这一点来为你的前进提供动力，让你克服一路上妨碍你的种种困难。

创建系统是另一种提高效率的秘密武器。当我坐下来写一本新书时，我会构建一个系统，然后将整件事情分解为一个个很小的部分，这样我就不会无从下手。我还有一个系统，它可以帮助我找到尚未公开出售的房产。此外，我还有一个晨间例程系统，它规定了我该如何锻炼和健康饮食。是的，制定和创造这些系统需要花一些时间，然而一旦有了这些系统，我就不会思前想后，也不再会拖延了。我只要按照这个系统去做就好了。任何成功的企业都有自己的标准操作程序。这些程序给企业和你带来的好处是一样的：可以消除你的顾虑，让经过验证的系统始终如一地引发更快和更有效的行动。

我还有一个提高我的各种工作效率的系统，在开始新的一天之时写下我的待办事项就是其中的内容之一。我还会写下我想在某天晚些时候打算沟通或完成的想法。有了这些提示，我在这一天里便不会那么茫然无措，这可以确保我处理好那些对我来说很重要的事情。现在是时候开发你自己的系统并将它们作为让你实现更高成就的蓝图了。

第三种秘密武器是积极计划。这是“将更多时间用在思考计划而非制订计划之上”的简约说法。在很多情况下，人们绞尽脑汁地制订商业计划，但他们并不知道自己缺乏计划前的远见和创造力。但若你在开始时做了笔记并让潜意识引导自己的话，你就能更快地制订更好的计划。让你在淋浴时或睡觉前产生的想法涌现出来，然后将它们写在纸上。通过这种方式，你会从中发现一些惊人的想法。

例如，我要制订一个新的培训计划，但时间紧迫。我将计划列了出来并在一天之内完成了展示所需的幻灯片——而我们很容易在这件事上耗费一个星期或更长时间。用一天时间就能完成，这怎么可能？这是因为我已经通过思考提前做好了计划，接着我做了笔记，记录了我打算放在培训中的内容，然后从中获得了灵感。我提前预想了我打算在第一次、第二次和第三次培训中做的事情。我让我的潜意识来控制这个过程，这意味着我相信自己的直觉。

我们还是孩子的时候就已经十分擅长依靠自己的直觉了。后来，学校、社会及其他因素让我们对直觉的依赖变得越来越少。但事实却是：你的直觉知道你的头脑所不知道的事情。相信你的直觉，让它借助你的思维和笔记形成你的计划，这样当你开始真正做计划时，你就已经知道了你想要采取的步骤的大致形式。

弄清你要做什么以及按什么顺序去做，然后记录它的实现方式，这有助于你弄清该做和不该做的事情。它会强调那些你不该浪费时间和精力的地方，而这就是你的不做清单的来源。

我已经给了你多种提高效率的秘密武器。但是在我分享更多高效习惯之前，我希望解释一下效率的真正含义，因为人们常常会误解它。而你对它定义得越准确，你就能越有针对性地克服障碍，从而实现更高的效率。

第十三章

怎样才算真正高效，为何要提高效率

从二元思维视角来看，效率要么可以推动你大步向着目标前进，要么会扼杀你的动力。你如果和大多数人一样，那么可能会同时做许多不同的事情，这被称为多任务处理。在大多数情况下，这么做并不高效，因为你无法同时高效地做两件事——因此这也不会推动你前进。你如果对此有所怀疑，那么请回答这样一个问题："如果你正在和某人会面，对方正在说话，你瞥了一眼手机上的短信，那么你真的能记住对方分享的所有内容吗？"也许你可以记住其中的几句话或几个要点。但说老实话，你的大脑无法同时专注于两件事。这是一个已经得到科学验证的事实。

实际上，我们将大量时间用在了不重要的事情上。你如果不相信我，那么可以开始记录你在一周之内每小时做的事情。记下你做的每一件事，比如上网、打电话、开会、做文书工作、吃午饭、去洗衣店取送洗的衣物等。当你完成一周清单之后，你可以用二元思维提问法问问自己："我应该做这件事吗？这是在浪费我的时间吗？""这会推动我向着目标前进，还是会让我停滞不前？"

一旦你完成了这项练习，我敢保证你会看着你那看似忙碌而疯狂的生活发出这样的感慨："天哪，我都把时间浪费在了这些事情上吗？"突然间，你会发现自己原本可以多出一整段时间。而你可以利用这段时间做一些能让你向着更美好的未来迈进的事情。

“每件事都必须做到完美”是让人前进缓慢的另一个因素。我们都认为自己是完美主义者，但我们谨小慎微的执着反而妨碍了自己，使得我们没法专注在能够让我们实现目标的真正重要的事情上。它让我们想得太多，最终陷入瘫痪，无法行动。

假设你打算经营房地产业务，但你还在观望之中。你对自己说：“让我好好想一想。现在是最合适的时机吗？这真的对我有帮助吗？我是不是必须在开始之前弄清每份合同和每笔交易？如果我所在州的法规不允许我这么投资房地产该怎么办？我还是下周再想想吧。”然而事实却是：你已经想得太多，你可能永远都不会采取必要的步骤真正涉足房地产投资。

无论你是否想要经营房地产，我都希望你能明白，这种情况在任何生意或事业中都是司空见惯的。让我们更进一步，看一看另一个深刻的例子。在房地产投资领域，新手会做这样一些事情：上网浏览，向朋友征求意见，在社交媒体上了解同行在做什么，开车去看房，去家得宝（Home Depot）或劳氏（Lowe's）购买家装设备和材料，设计标志，制作名片或者反复研究合同。

然而，投资新手应该关注的真正重要的事情在于：创造独特的营销方式来吸引买家和卖家，报价，创建客户清单并最终把房子卖出去。

如果你想在今天的房地产投资中获得动力和利润，那么这四件事情才是最重要的。我之所以还要以房地产为例，是因为它是我人生中的重要赚钱行当，也是我培训其他人进入的领域。不过这个例子适用于世界上的任何行业。任何公司都要运作不少事情，但其中只有很少一些能够创造那种带来成功的影响力。你可以将时间和精力集中用于对赚钱来说至关重要的地方，其他任务则可以雇人来完成。你如果打算开办一家软件公司、线上培训公司或其他公司，那么可以总结出最值得关注的三四件事，然后去做。这听上去似乎很简单，但大多数人都不会这么做。

就我自己而言，营销对我经营的每一家企业来说都至关重要。如果我不是一个优秀的沟通者，特别是如果我不能在视频中做好传播的话，那么无论我的产品、培训或方法有多好，人们都不会为它们买单。如果我走到听众面前，用平淡的声音说“大家好，我的书真的很棒。你应该买一本”，那么绝对不会有人听我的！如果我表现得像个机器人，那么就算我的书写得再好，谁又会注意我说的话呢？我专注于提高自己在视频中的表现，并制作最优秀的培训课程。看看你手中的这本书吧。如果我没有通过视频或营销活动激励你，你会买这本书吗？也许不会，同时我也不会有机会给你的人生带去积极的影响。

你也许会这么想：“好吧，迪安，那是因为你有鼓舞人心和销售的天赋。”让我直说吧，小时候我是非常害羞的孩子，害怕在任何人面前说话。实际上我不擅长的事情有很多：我讨厌合同，不喜欢填写收据，也不喜欢完成房地产交易时要打交道的各种组织。我做得不好而且坦白说我很讨厌的事情有很多。过去我一度认为自己必须把所有事情都做好，否则我就完蛋了。例如，我不知道自己能否在房地产事业上取得成功，因为我不理解人们使用的各种术语。然而，在我理解这些术语之前，我完成了 500 笔房地产交易。我有很长一段时间一度十分自卑，因为我过分专注于做好自己讨厌和不那么重要的事情。以一些优秀的汽车推销员为例，他们尽管不了解有关发动机的重要知识，但依然能够卖出许多汽车！所以为什么我要让房地产术语这样的小事情来放缓我前进的脚步呢？

我意识到自己必须变得高效起来，为此只需要把少数几件事做到最好即可。我如果可以出色地完成这些事情，就一定能成功。我变得非常擅长做别人做不了的交易，也善于找到手头有现金并且想要购买我的房子的买家。这就是最重要的那两件事。实际上，为了赚到我的第一个 100 万美元，我只要会做这两件事就可以了。因此，我不再为那些自己讨厌的事情而分心，也不会因为那些不能让我赚更多钱的事情而三心二意了。

实际上，只要你能做好几件事情，你就能变得超级成功。因此你应该做什么呢？把你的时间和精力投入对成功至关重要的高优先级任务。如果你所组建的团队决定着你的企业的生死存亡，那么你就应该致力于组建一支强大的团队。如果为了让你的企业运转起来，你需要在 6 个月的时间里赚到一定数量的钱，那么请将营销和销售活动作为你关注的唯一事项。在你有时间解决其他事情之前，你可以忽略所有这些事情或将它们交由别人处理。

记住：效率与行动紧密相关。为了做好这些事情，你必须安排好它们。那么该怎样做呢？我希望你现在就能去做下面三件事情。

- 查看你在接下来两个星期里要完成的任务，这些任务能够带来好势头。
- 按逻辑顺序排列它们，并为它们设定严格的完成期限。
- 分解大型任务。

前两件事情不用我多说，“分解大型任务”是什么意思呢？它的意思就是不要给自己宽泛而模糊的任务：“我打算出去寻找现金买家，让他们购买我找到的房子。”当事情过于宽泛而含糊时，它们是不可行的。通过分解大型任务，你可以将事情划分为更具体、更为可行的任务。例如，你可以这么写："在脸书或克雷格广告网发布一些帖子，寻找客户。"而这是一项你可以计划、安排并立即采取行动的任务。

正如我们此前讨论的那样，你必须为此投入数小时的时间，在这段时间里，你不能做其他事，而只能按照恰当的顺序完成这些事情。还是以房地产为例，你可能会决定在脸书或克雷格广告网发布广告，你打算在下周二 11 点吃午饭的两个小时期间做这件事。你可能要在每个网站上各用掉一个小时，你要关掉手机，屏蔽其他让你分心的事物，这样你才能在规定的时间里完成最重要的事情。

这就是变得相当高效的一个重要因素。你将整个活动分解为一个个小任务。这样一来，你就会接到电话，得到自己的买家。然后你会突然发现："天哪，真的是这样。这真的能改变我的人生！接下来呢？"然后你就会对下一件事采取同样的做法。

记住：设定日期和最后期限非常关键，因为这么做会给你带来一种紧迫感。什么时候企业家和成功人士表现得最好？有压力的时候。这不是说要等到最后一刻才去做。这么做是要给自己一个紧凑而合理的时间段去完成重要的事情。

高效习惯 4：自私一点也无妨

现在你已经对怎样才算是真正高效有了初步的认识，那么让我再分享一些我花了一些时间才养成的习惯吧。你可能会觉得这似乎有悖常理，但请容我继续解释一下。我们都认为，当我们为他人做事时，我们表现出了最好的自己。为他人做事固然很了不起，但这并不是实现最好的自我的最快方式。事实上，这会伤害你爱的人以及你最想要帮助的人。实际上，当我们变得自私时，我们才能表现最好的自我。

但这并不是说我们要在行动或说话方面表现得自私——而是要对自己的时间自私一点。当你能够审视自己的时间并对它自私一点时，最终我们最关心的人就会从中受益。

为了实现这个目标，我们必须从不同的角度来审视自私。我们不能完全把它当作消极的品质，而应在特定情境中将其视为积极的品质。如果你能将你的收入水平提高到一个新的层次，如果你能够还清债务，如果你能够通过开支票的方式解决生活问题，如果你能够让你爱的人不用工作，如果你可以存下足够的钱供孩子上大学——这些事情怎么会是自私的表现呢？想象一下吧，如果你可以对自己的时间更自私一点，你就能让你的收入增加，麻烦减少。如果这可以让你有更多宝贵的时间和你爱的人相处，你会怎么做？

> 你不妨自私一点：减少让自己分心的事物。这样你就能同时获得两样东西：巨大的成就和平衡的生活。

你还可以从这一点出发来思考：你如果选择让自己在工作时间分心，就会失去为你心爱的人创造遗产的能力。相反，有策略地给自己争取更多时间，你很快就能给那些受你影响最大的人带去更多回报。

为了减少干扰，你必须决定谁可以在工作时间吸引你的注意力，让自己投入到那些有助于你更上一层楼的人和事中去。你必须培养自己在充满各种干扰的世界里保持专注的能力。你无法控制经济发展、竞争对手或股票市场，但你可以控制自己支配时间的方式。提醒自己：分心会让你损失数百万美元。

想一想干扰让你付出了多少时间和金钱的代价。假设你每天用于刷社交媒体的时间是 30 分钟，这相当于你每周用在这件事上的时间是三个半小时——而你本可以将这些时间用于实现你更高阶段的目标。如果将用在打电话、发短信、发电子邮件及查看社交媒体通知上的时间加在一起，那么你最终会为此付出超乎想象的金钱代价。

你是否觉得自己时刻都应该有求必应？千万不要这样想！只有绝望的人才会每时每刻都能随叫随到！在你的设备发出哔哔声、铃声或震动的时候，不要立即查看到底是谁在脸书上给你点赞或在照片墙上给你写了评论。你如果致力于变得非常高效，那就悄悄去做。人们很快就会发现你不再立即回复短信或电子邮件。聪明的人会意识到你很忙，你正在致力于让自己更上一层楼。

此外，你还必须确保你的生活是主动的而非被动的。这条建议尤其适用于涉及电脑和电话的事情。使用电脑是为了获取你需要学习的知识，而不是为了打发无聊或消遣。请向自己保证：你不会在网上闲逛，也不会查看负面的头条新闻。不要在查了银行账户之后又去看100条如何挤青春痘的优兔视频。

我真的认为电子邮件是你每天都会遇到的最大干扰。当人们给你发电子邮件时，他们其实是要你跳出来。而我们的反应通常是："跳多高？"但实际上你根本不必跳出来。你可以在你想要回复的时候再回复。你可以设置一条自动回复信息，例如：我在每天下午2~7点间回复电子邮件。其他时间我要为自己的未来而努力。我见过别人这么做，而且觉得这非常明智！

让你分心的不只是数字媒体。任何事物都可以让你分心！在一周的时间里，总会有人打电话约你喝咖啡、吃午饭或去喝一杯。如果你原本就想见他们，那么这很棒！你可以说："星期二我要工作一整天，但是星期三下午5点我有空，我们可以在那时见面吗？"这时你需要有策略地选择非工作活动的时间。相比说"是"，你要学会更多地说

“不”，这样你就会成功的！

此外，千万不要将你的干扰合理化。不要告诉自己你觉得自己不会有太大进步，因此你可以花一个小时在社交媒体上看朋友们的动态。这种思维模式会让你陷入恶性循环，失去自信，同时会让你回到你试图脱离的生活中去。你如果用这种方式思考，那么永远也不会发挥你的全部潜力。

高效习惯 5：别人能做的，我也能

不要轻信谎言。对很多企业来说，它们最大的挑战之一就是找到理想的交易。有的人会看着那些了不起的达成交易者说：“好吧，他们是幸运的，但我没有他们那么好的运气。”当看到其他人达成交易时，他们会将这些人的成功归结于其生活的环境或认识的人，有时他们会认为这些人只不过就是运气好。又或者，他们会认为这些人之所以能成功，是因为其更聪明，甚至会认为这些人是因为父母给了钱才这么成功。

然而，这些实际上都是一派胡言。你知道如何才能成功达成交易吗？当然是创造交易了！这意味着你要行动起来，去验证和调整你的方法，直到你做对为止。每天花一个小时去推销，30 天之后，你会发现那些胡说八道再也没法让你偏离自己的轨道。而这和你想要达到的目标是什么并无多大关联。为了把事情做好，你必须全身心地投入，不能分心。这与你在生活中做其他事情一样，一步一步地来，你只要下定做事情的决心。

如下这些赚钱难的说法纯属胡说八道，它们会阻碍你创造你想要的收入。

- 没有计划。
- 没有技能。
- 没有自信。
- 对“如果……怎么办”之事的担忧。
- 没有目标。
- 没有做事的系统。
- 完美主义。
- 拖延。
- 分心。
- 喜欢自己试错。

那么，你该如何克服赚钱难的障碍呢？你可以利用一份超级简单的是非检查表。这个清单集合了你每周需要问自己的问题。以下是我向房地产培训生提出的一些问题。

- 我给房子开价了吗？
- 我开发了更多客户吗？
- 我有没有在上述两个方面进行调整、扩展或者专注于营销方面的工作？

你可以将这类清单应用于任何类型的企业。这是让你对自己的效率负责的方法。请注意，当你进入一个全新的领域时，你可能会有诸多疑惑。例如，新来的房地产培训生会告诉我：“我从来没做过一笔交易。我不知道为什么做不成。”而我给他们提出的第一个问题就是：“你给多少房子开过价？”而回答常常是这样：“哦，我还没有开过一次价。我一直在花时间研究合同。”“我的朋友告诉我现在不是做房地产的好时机。”

现在，请开始对那些无法帮助你实现目标的废话说“不”。在清除了那些无关紧要的事情后，你就有更多时间去关注那些对你的目标至关重要的事情，即那些可以引领你实现美好未来的事情。我希望你已经明白，你应该将注意力集中在重要的任务上并优先处理它们。

接下来，让我们看看你担心的事情。请让我在下面这个背景下进行说明。你知道，驱动我们的有两件事：痛苦和快乐。因此，我们会做出帮助自己趋利避害的决策。我们如果因为没钱送孩子上好学校而痛苦，就自然希望赚更多钱，这样我们就能承担得起最好的学校的费用——而这会带给我们快乐。

然而，有些事情会阻止我们从痛苦向快乐转变，那就是担忧。担忧会让你停滞不前，它会让你停滞一周、一个月、一年甚至更久；它会妨碍你培养让彼此更密切的良好人际关系，它也可能会让你陷入一段有害的关系；它会阻止你辞去不好的工作，让你无法开创你一直梦想的事业；它会阻止你告诉父母残酷的事实；它会让你深陷某种自毁行为模式，比如酗酒、赌博或吸毒。

好消息是我们不用带着这种担忧生活。曾经有太多人告诉我他们打算听从我的建议，去赚更多钱，但他们却补充道：“但现在我有太多压力和担忧，因此必须等待一个更好的时机。”

不！我要再说一遍，你无须在担忧中生活。教学时我会展示我的资料，告诉学员如何从房地产中赚钱。我非常清楚人们心中的疑问：如果这么做没用怎么办？如果我失败了怎么办？如果我找到了一笔买卖，但不知道如何达成交易该怎么办？如果我的配偶认为我做这件事很傻怎么办？对大多数人来说，这种担忧可以追溯至过去，它们植根于我们的童年心理。它们可能是无意识的，但当我们雄心勃勃地打算做些什么的时候，它便会触发我们童年的恐惧，让我们止步不前。

假设你正考虑对你的职业生涯做一个巨大的改变——你打算开办企业，或者换个公司甚至换一个领域。想象一下，当你考虑这种转变的时候，你可能会有所担忧。如果这么做有经济上的风险，那么你可能会对自己说："如果这么做，我可能会破产，而且会失去一切。"你如果打算参加健身课，就可能会想："我做不到，我年纪太大了。这会让我难堪。"又或者你决定结束一段有害的关系，却有这样的担心："这段关系或许不太好，但至少我还有个伴——谁知道我什么时候才能找到其他人？"

是的，这些担忧在当时会给你带去压迫感，但你必须超越通常会立即出现的恐惧，去想象如果没有任何改变，一年或五年之后你还是会有同样的担忧。那时事情还是一成不变，你拒绝采取任何行动，觉得自己和过去一样停滞不前。你还是没有赚到你想要的钱，你还是超重 30 磅，而且你还是那么厌烦自己的工作。

你如果可以诚实地对待你自己，就会知道这是一种什么样的感觉——它糟糕透了。现在就让自己体验一下这种感觉，因为如果你还是让担忧来主宰你的生活的话，糟糕透顶就会是你的感觉。

你比你的烦恼更重要。我敢保证你不希望受制于它，但当前的情况就是这样。也许这是因为过去的一些创伤性经历影响了你当前的行为。无论是什么让你陷入担忧，这么做都不值得，因为更好的你就在担忧的另一头。

瑞安·霍利迪写过一本很棒的书，名叫《反障碍：如何从障碍中获益》（*The Obstacle Is the Way*），书中讨论了应对担忧的方法。这种方法有一个前提，那就是你所谓的天堂或我所谓的"你的下一个阶段"就在你的担忧的另一边，但你看不到它，因为你让担忧挡住了你的视线。你可能会认为你能找到避开恐惧和焦虑的方法，但实际上你必须直面它。

心灵导师拜伦·凯蒂对人际关系有着相当深刻的见解，她有一套很棒的方法来管理担忧。她认为你需要通过以下四个问题来排解自己内心的担忧。

- 你的担忧是真的吗？你的答案可能是肯定的，也可能是否定的。
- 你的担忧是绝对真实的吗？当你将这种担忧放在“绝对”的显微镜下观察时，你可能会发现相反的证据。
- 当你告诉自己某个令人担忧的事情时，你的感觉如何？当你思考担忧背后的故事时（比如你总是担心自己会犯错，或者担心其他人说你的坏话），可能会有奇怪的事情发生，你会发现自己的担忧并不像你想象的那么重要。
- 如果没有这样的担忧，你的感觉如何？想象你无须带着这种担忧生活的情况——你的生活会是怎样？

最后这个问题需要一些解释。你如果很熟悉《哈利·波特》系列电影或图书的话，那么可能会记得邓布利多有一种工具，可以提取人们大脑中的记忆供人观看。想象从你的头脑中提取你的担忧，然后将它排除在你的思维之外。或者你也可以想象：如果我能扭转这种担忧，结果会怎样？你不妨将“我不认为这对我有用；我在过去已经试过，而且失败了”这样的说法改为“是的，我在过去尝试过，但失败了，因此我现在知道不该做什么，这一次我将打败它”。

你无须担心时机不对或经济状况有变，无须担心只有等自己拿到贷款才能行动，更无须担心只有存下一定数量的钱才能进入下一步。

你要控制的是你的行动，而非担忧。

我之所以热衷于谈论这个问题，是由于我曾经因担忧而浪费了人生中的数年时光。我曾经担心自己不够聪慧，无法更上一层楼。我有阅读障碍，没有上过大学。我凭什么觉得自己能写书？我想起了我在阅读课上的挣扎，这样看来产生写书的念头的确是一个相当大的飞跃。然而我又凭什么去想象这样的冒险？我应该很感激我已经拥有的一切，不是吗？

错了。我最终摆脱了担心自己不够聪明的种种想法。当我做到这点的时候，担忧也随之消失。我可以自由自在地写作，出色地进行公开演讲，并且让自己的人生迈上一个新的台阶。

高效习惯 6：为你的成功缴税

你有没有为成功缴过税？我确定我交过！而且我敢打赌你也通过很多方式缴过税——你只是没有这么想罢了。好吧，我想你可能在想："迪安，成功税到底是什么？"

好吧，在给出我的定义之前，请让我再给你讲一个小故事。

通过阅读这本书，观看我在社交媒体上的视频及订阅我的《每周智慧》（Weekly Wisdom）专栏，你们很多人都已经知道我小时候并不是学校里最聪明的孩子。我的出身并不富裕。我差点没能从高中毕业，更不用说大学了。

但幸运的是，很小的时候我就知道自己要不断努力、奋斗，直至成功。我知道如果我努力学习，永不放弃，同时又敢于梦想，那么我的成就能超过任何老师对我的判断。这就是我会在初中时卖泡泡糖，在刚上高中时卖木柴的原因。这也是为什么当我的朋友们都去上了大学，而我却和父亲一起在纽约马尔伯勒经营修车行的原因。

实际上我工作得十分努力，以至我的父亲重新将修车行命名为“保罗和迪安车行”（Paul & Dean Auto Body）。哇！我是不是认为自己做得很好了呢？虽然我连高中都还没念完，但我的名字已经出现在市中心一家店铺的招牌上了！在我的一些朋友中，他们有的上了大学，有的去参军，也有的在做建筑工程，但我已经有了成功的事业。我觉得自己非常成功。

但后来一切都变了。就在我高中毕业后不久，我父亲经历了一次离婚，而这给了他很大打击。这种打击大到他已经在精神上“退出”了自己的生意，同时也有点儿放弃了生活。我还记得他打电话对我说：“迪安，很抱歉，但是我想摆脱这一切。我打算关掉店铺，银行会收回我们的房子。你可以看看自己能不能在 3R 工业（Triple R Industries，我们这个小镇上唯一的一家工厂）找份工作。”就这样，我的世界停止了运转。

而就在几个月前，我还觉得自己多少算得上是个人物，毕竟我的名字都挂在了房子上，然而现在我却变得十分绝望。未来不再像过去一般光明。我的朋友们还在建筑工地工作，还在大学校园里如饥似渴地学习着，而我却似乎失去了一切。

我从车行里拿出了尽可能多的设备材料，然后把它们都搬到了我的住所中一个破旧的谷仓里。我用烧木头的炉子来取暖，我把压缩机和我的工具都装上，然后开始了工作。

我还记得当时我觉得自己完蛋了。我觉得自己是个大骗子，我凭什么觉得自己成功了？现在我们的生意和我都完蛋了！我还是放弃吧。

你有没有想过放弃？你有没有产生过这样的感觉：你所经历的或曾经经历的那一刻是你从来都没有面对过的最为艰难的时刻，而且你根本就跨不过这道坎？好吧，你到底有没有跨过这道坎呢？如果没有，那么今天我要告诉你，你可以做到。

现在回想起来，我发现搬进小屋的那一刻可能是我创业生涯中的最低潮，但也是从那时起，我开始支付让我成为今天的自己所必须缴纳的成功税。

就让我用一种便于理解的方式来解释成功税吧。这是一个我自己真正认定的概念。如果一切废话、挣扎及所有的胡言乱语都是为了告诉我们是否配得上成功呢？如果你经历的这些试炼实际上是你“缴纳的成功税”呢？

虽然这听起来有点蠢，但如果这个世界上有一位成功的审计师能够密切关注人们面临的各种问题，并且会奖励那些正视问题，从中吸取教训且能迈过这道坎的人呢？我真的相信，那些在没有人关注的情况下埋头苦干，那些无论别人说什么都能拼命工作，以及那些在最困难的日子里坚持不懈、奋力前进的人最终都获得了他们渴望的成就。

那么，如果你所有的挣扎都是为你而来，是为了证明你配得上你所渴望的成功呢？如果这一切都按部就班地发生了，“成功审计员”检查了所有的文件后表示“是的，她应该成功”呢？

而我就在那一年缴了我的成功税。在之后的许多年里，我努力工作、辛勤耕耘并奋力奔波，最终成就了最好的自己。而如果没有一路上遇到的这些障碍，这一切都不可能发生。所以你为什么不退后一步，看看你人生中遭遇的所有困难呢？看看它们的真实面目：它们不过是你缴纳的成功税。

我一直都在教导我的孩子们必须尊重这种挣扎。我相信世界会为此用成功回报那些在困境中挣扎的人。现在，我的女儿正在为了成为她所在垒球队的最佳投手而疯狂练习。当其他人都在享受暑假、吃不健康的食物或不锻炼的时候，我的女儿却为了成为最佳投手而每周练习三天。

我们也可以从另外一个角度来看待这个概念。我希望你花一点时间在纸上或你的手机上写下："我想要挑战更大的困难。"

"什么，迪安！我一点都不想要挑战更大的困难！"不过还是请给我一分钟，看看我是否能够改变你的这种看法。

如果我让你从下列问题中选一个作为你人生中最大的困难，你会选择哪一个？

- 我点了鸡肉，但服务员端上来的是牛排。
- 我的会计把事情搞砸了，我的房地产交易只赚到了 6 万美元而非 7 万美元。

你会选择哪一个呢？

对于困难，诺曼·文森特·皮尔[①]曾这样说："困难是生命的象征。你遇到的困难越多，你就越有活力。"

如果你在生活中最大的困难是服务员端来了另一盘菜，抑或有人在路上挡住了你的去路，那么你绝对不会逼迫自己成为最好的你！如果我的服务员给我端来了另一盘菜，那么我只会微笑着说声谢谢。我知道这个例子看着有些傻，但它表达了一个严肃的道理。我希望鼓励你去渴望更加困难的问题。

你的困难越大，你承担的风险越大，你就越能不断前进和成功，从而为自己和家人创造更美好的生活。你如果真的希望成为更好的自

① 诺曼·文森特·皮尔（1898—1993）是美国知名牧师、演讲家和作家，曾获里根总统颁发的美国自由勋章。——译者注

己，就必须期望遭遇更大的困难。

现在，我的意思并非要你出去找麻烦。我只是想说，当你开始提升你的人生、更勇敢地去冒险以及改善你的事业、健康或财富等其他方面时，你必须期望——而且是积极地面对更大的困难。

你不妨对成功税做出诠释，给它赋予积极的意义！“我打算缴纳成功税，接受这个世界抛给我的任何困难，无论它们有多大！”你应该把这句话写下来！写在你的日记本或手机里，每天都要看看它！让它成为你全新的口头禅！

当事情没有按照你的意愿发展时，请不要感到沮丧，你可以看着天空说：“我知道你在做什么，审计员先生！我会缴纳这笔成功税，我会发达起来的！”因为当我们选择有意识地停止折磨自己时，我们就能够按照生活本来的样子去经历它。托尼·罗宾斯说做决定或改变需要多长时间？只需短短一瞬！所以现在就下定决心，不要把你的失败看作人生中的低谷，而要将其视为一笔成功税，它可以让你进入一个让你发挥真正潜力的世界。

当你开始以这种方式看待人生中的这些事件时，你会体验前所未有的自由和解脱。这种感觉就像是从肩头卸下 100 磅的重担，而你终于可以释放真正的自我了。

致　谢

我相信，我们如果能够从经验、失败和成功中获取有价值的信息与知识，就能充分发挥自己的全部潜力，达到我们期望的生活水平。我们在这个世界上便会有突飞猛进的发展，而所有这些信息与知识都将转变为深植于我们内心的智慧和直觉。我已经在本书的开头将本书献给了我亲爱的朋友托尼·罗宾斯、乔·波利什和丹·沙利文，因为他们曾给我带来了积极的影响，给了我成功的捷径。但我同样十分欣赏他们的人生经历，这是因为他们勇敢地获取了那些知识，找到了深藏于它们背后的智慧，然后又无私地和全世界分享。

和他们一样，我也从伟大的老师们那里学到了许多，比如戴尔·卡内基、厄尔·南丁格尔和拿破仑·希尔。此外，还有埃克哈特·托利、韦恩·戴尔、迈克尔·辛格、布兰登·伯查德、戴维·巴赫等——我还可以列出许多名字，但因篇幅所限，我无法在此悉数列出。一旦你领会了他们那充满变革力量的话语，你就很难区分哪些是他们的想法，哪些又是你的。在撰写本书的过程中，当我写到某些部分时，我会产生这样一个疑问：这些想法到底是从何而来？我到底是通过自己的反复试错及自己的失败与成功才发现这一点的，还是从前人那里学来的呢？

而你终究会发现这就是真正想要传递智慧的人希望达到的目标。他们给了你一张路线图，一旦你将它融入自己的生活，它就会让你走得更快。我希望你也能这么做。在本书中，我尽了自己的最大努力去分享我能够确定的智慧和练习的出处。我敢肯定我遗漏了某些概念的出处，因而在此我希望所有曾经让我受教的人（包括过去的商业合作伙伴、图书作者、朋友、我挚爱的亲人以及分享了了不起的想法的陌生人）能够明白，是你们所有人的共同努力让我们无须以自己的方式缓慢摸索，就能更快地取得成功。

我还要感谢帮助我推出这本书的人。要知道，在经营多家企业、试图做世界上最好的爸爸、处理房地产交易、在美国各地演讲、组织智囊团并且要给少年棒球和垒球队做教练的情况下，我的时间相当紧张。如果没有我的侄子坦纳·谢尔登，我无法将这些内容组织成一本完整的书，也无法调整其中的很多部分；如果没有布鲁斯·韦克斯勒的帮助，我将无法清晰地呈现每一章的内容，也无法确保所有的材料都能衔接在一起；如果没有我在亚利桑那州斯科茨代尔的团队，如果没有我的得力助手杰里米·加伯特，我可能无法写出这样一本让我觉得很棒的书。我还要感谢我的首席财务官和朋友尼克·萨沃奇亚及所有每天和我一同工作的人，是他们让我焕发光彩，让我发挥自己的独特能力，让我培养那些能够发挥我全部潜力的习惯。如果没有他们，我永远做不到这些。

在我之前写的一本书中，我引用了这样一句话："养育一个孩子需要一座村庄。"不过，我觉得写出一本成功的书，然后推广它并将它送到最需要的人手中也需要整个家庭甚至一个村庄。最后也最重要的是，我要感谢我了不起的家人：妻子乔内莉、女儿布里安娜及儿子布罗迪。你们是我的生命之光。你们是我努力发展的理由，是我心怀热情的理由，也是我想要不断前进并成为一个更好的人的理由。没有什么爱可以比得上一个人对自己孩子的感情。感谢上苍赐予我你们这样的孩子。

作者简介

迪安能做到的事，任何人都能做到。他的故事可以给人们带去希望和现实的期望，让他们觉得自己也可以充分发挥潜力，实现自己的美国梦。迪安出生于纽约市区以北大约 70 英里（约 1.3 千米）的一个小镇。在他的成长过程中，他的家庭经历了经济上的困难。迪安曾一度和父亲住在一间浴室里。

他成年之前生活拮据，同时还要应付父母的多次婚姻。19 岁之前，他已经搬了 20 多次家，迪安没有机会上大学，而他也觉得自己不够聪明，上不了大学。然而，在他的祖母卡梅拉·法尼兹·波斯特多年来的不断鼓励之下，迪安开始相信自己能够做任何事情，而且可以突破所有限制。她的祖母恳求他不要因为过去的经历而觉得有压力，相反，他应该创造自己的未来。

迪安的确拥有一笔财富，那就是他追求更美好的生活的决心。后来他成了一位相当成功的企业家、房地产大亨，成了《纽约时报》畅销书作者、成功培训师、环球旅行家并曾在舞台上面向 15 000 名观众演讲。他是《完全满足》、《成为房地产百万富翁》、《房产获利 30 日速成》（*Thirty Days to Real Estate Cash*）、《你的城市、你的利润》（*Your Town, Your Profits*）及《现在就通过房地产赚钱》（*Profit from Real Estate Right Now*）等多本畅销书的作者。在过去的 8 年里，迪安每个星期一都会制作一集有关成功智慧的电视短片，给全世界数百万人带去激励和教益。

如果没有迪安最宝贵的财富——他的过去，那么这一切都不会发生。因为他有阅读障碍以及成长过程中的经济困难带来的不安全感，所以迪安形成了一种探索容易上手的成功秘诀的独特能力。而他的天赋就是分享这些秘诀，让人们充分发挥自己的全部潜力。

迪安和妻子以及两个孩子生活在亚利桑那州凤凰城。他是少年棒球联赛、垒球赛的教练，总是尽可能多地参加孩子们的活动。他也是 www.thebetterlife.com 网站的创办者，这个网站提供了一项为期 30 天的挑战项目，可以帮助人们每天对自己的习惯做一些微小的改变，让他们在 30 天内走上一条通往财富、富足和他们向往的生活的道路。